重車旅遊樂活指南

Heavy
Motorcycle
001

目錄 Content

Chapter 1 不設限重機之旅的魅力

Chapter 2 重車出遊重點全攻略

書中部分圖片範例為因應台灣道路行駛方向有做翻轉處理

Chapter 3 專為機車騎士所設計，簡單運動&生活妙招

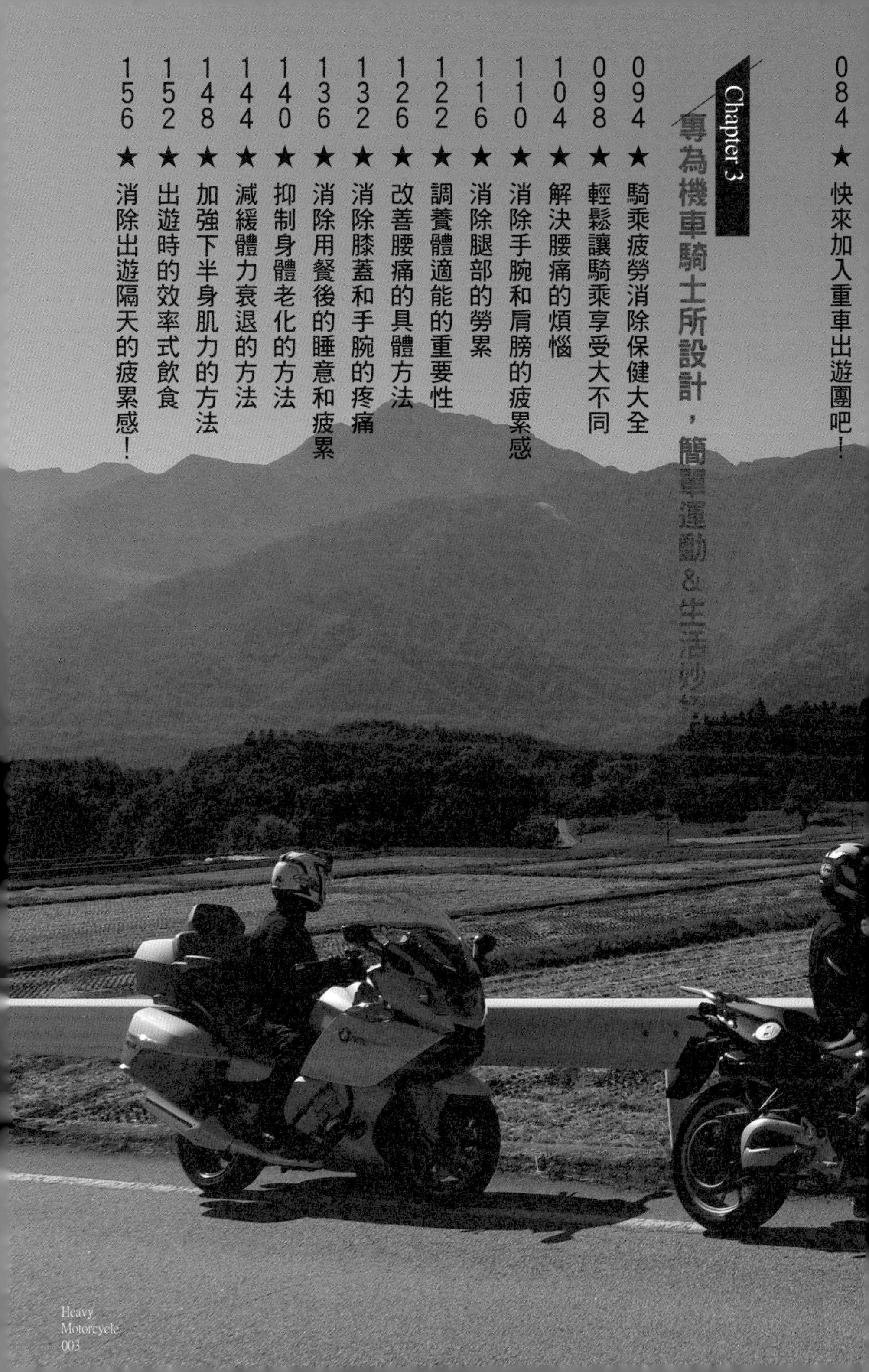

Chapter 1

不設限重機之旅的魅力大解析

不設限重機之旅的啟程

一般的[illegible]車出遊，多會預先規劃好行程，包括餐廳、景點與住宿地點

不過這回，我們要反其道而行，介紹給各位「不設限的重機之旅」

事實上，隨著旅行次數的增加，對環境的適應力也隨之提升

想要來趟無計畫的旅行並非不可行之事

本特輯的主要目的，就在於介紹旅行的究極形式給各位

讓我們一同出發，來了解具體的實行方式吧！

HARLEY-DAVIDSON

出發

其實出乎意料地簡單！

其他時刻絕對無法得到　十足奢侈的自由時光

某一天，在一個出乎意料的瞬間，突然非常想要騎上機車出門。

既有了空閒的時間，也感受到了季節的變化。每日累積的壓力，亟需要一個宣洩的出口，而天空，是如此地晴朗……

這一定會是無論做什麼事都將無比順利的一天吧！就算不抱持確實的目的也沒關係，人吶，總是被這些「確實」、「具體」所束縛，總想著在出發之前，應該要好好計畫一番。當「達到目的」成為最優先的考量時，途中的一切就只能淪為「過程」了；若是有了非達成不可的確實目的，其他的就難免退為其次了。

但如果只是一個大致的目標，何時要停止、何時要再啟程，都十分自由。旅行的可能性，一下子就大了起來。途中出人意料的所見所得，都將成為這趟旅行的「目的」。

由於不明確的目的彈性大，可以隨性調整，這樣的隨性可說真是奢侈，但也因此能夠有充份的時間與愛車相處。

沒錯，就放手跟隨自己的心意吧！現在，此時此刻，除了自己與愛車以外別無他物，也無須再為任何事物而困擾了。

雖說是一趟目標並不明確的旅行，不需要過度縝密的計畫以及準備，不過再怎麼說，這終究是一趟「旅行」，計畫上要去何處、何時踏上歸途，都應心裡有數，這和一時的有勇無謀還是有很大的不同。有了「大致的目標」，想騎乘愛車做任何事都無所謂，為了消解壓力、拍攝照片、賞盡美景、海邊嬉遊，什麼目的都可以。騎著愛車，內心感受到的是充實、發現的是無數以往忽略的事物。景色如此美麗，空氣如此清澈，形形色色的人們豐富的喜怒哀樂，無論是什麼，都將成為心中十足的感受。

對日常的光景已感到麻痺，想見識一下不一樣的風景；感到疲累而沉默，不想跟誰說話。隨性所至，就跟著愛車一同駛向遠方吧！沒有任何確實的目的，又能與美好的事物邂逅，就連平時難以置信的，或因為錯過而感到扼腕的事物，都能得以相遇。這樣的奇異之旅，一定能為人生留下美好的回憶。

親身體驗「不設限」的重機之旅，跟著自己的GPS前進；旅行中所累積的回憶，讓下一次的旅行更加充滿期待。或許哪一天，自己又將隨性所至，騎著愛車，朝著不知是哪**個方向的旅途前進。**

來自　達人們的良心建議

關於「無目的旅行」的實行方法

為了這個單元，我們特別邀請來自國外的重機旅遊達人分享自己的旅遊體驗，介紹「無目的旅行」的執行。十位達人、十種多方面的深入探討與建議，如果你也想要來趟充實的旅行，一定要好好參考。

建議一
即使是休旅節奏也有應注意的地方

BMW 公認指導員
山田純

騎著機車，比預定的時間早一點出發，在時間充裕的狀態下，我邊騎著車邊想：「也許今天會和以往不曾見過的事物相遇呢！」期待的心萬分雀躍。

在我的零碎記憶中，無論是旅途的景色、氣味，或光影變化等等，就算只是細微之處，對我而言亦十分特別，也因此我非常珍惜這些回憶。著名景點的風光，雖然有不負其盛名的優美之處，但相較之下，我更常為那質樸鄉間小路旁的景色所驚艷。對於一般旅遊書籍不會特別介紹的地方，就只能盼望運氣好，能與它不期而遇了。像是某戶人家門口種的花朵，經過時，偶然瞥見它們沐浴在陽光下充滿活力的美感；說來不怕別人見笑，對我而言真正珍貴的，正是這般事物。

旅途中，形形色色的事物為我帶來許多新的感受，例如大自然裡的樹、花草所散發的香氣。

當然，在早春時節感受如此新鮮生氣是最棒的，潤浸體膚的自然活力俯拾即是，在秋冬的時節也別有一番風味。

如此盡情吸收自然大氣中的恩惠，正是機車旅遊的最大魅力之一，不同於一般的騎車兜風，這可是御風而行者，才能領會的特權呢！

某日，街道上灑滿了從行道樹枝枒篩透的陽光。騎著愛車，漫遊街頭的當下，內心突然想到「往反方向走走，會不會遇見不同以往所見的事物呢？」迴轉車身，觸目所及，方才透過枝枒的陽光，果然在逆光中綻放出截然不同的光影變化。

有時，我會脫離一般道路，前往山上和丘陵地區，因為唯有親眼目睹不同於尋常的事物，才有機會體驗全新的感受。

雖然只是細微的感受，但是如此親臨現場的悸動，不但是旅行最美妙的地方，也是機車騎旅中，體驗大自然豐饒恩賜的最好機會。

正如讀者所理解的，機車是將生命的自由具體化的工具。但是，擁有這樣的自由，卻要設限來騎行，這到底是為什麼呢？

建議二
享受自由的樂趣吧！任性的My Rule

By 長途騎旅者
末飛登

實際上，我曾在學生時期運用五百元左右的預算，計劃一個短程旅程，這種計畫需要斤斤計較燃料費。對此，選一條車子較少的路線正是秘訣所在，而用餐場所的等級也是重要考量之一。是要在店內用餐呢?還是要在路邊的超商買便當和零食來吃呢？另外，隨著旅途決定的折返點不同，對目的地的期待感也會跟著不同。要是旅行路線太輕鬆，就沒有征服的樂趣，但如果把距離設定得太長，以摩托車作為交通工具，則可能會過於吃力。也就是說，「行前閱讀本章節」、「衡量自己的狀況」加上「雀躍的心情」，就是打造一個完美旅行最重要的三個要點。

我曾經自創一趟「紅綠燈也無法阻止的旅行」，這並不是指無視紅綠燈，而是當看到紅燈亮起，要立即依照別的標誌指示，轉向大路旁的分歧小道，自發地成為迷途旅者，享受戲劇化的變數，就像是連續劇裡被命運操弄的主角一般。在意想不到的地方停下，也意外地讓旅程變得更加有趣。說到意想不到的地方，也許你會在路邊的停車場，與其他騎士們聊起天來，甚至一齊同行，這也十分有趣，一趟充滿神奇且意想不到的插曲，就這樣誕生了。雖然這種方式，或許會被讀者笑說「這不是一般人能辦得到吧」，但是若能試試看，就會發現意外地簡單，任誰都能夠輕鬆開始。

例如：「如果不能一起騎，那可不可以請教一下附近推薦的景點？」像這類的對話，都會成為十分有意義的交流。

快樂地漫遊，邂逅前所未見的事物吧！不過，千萬不要總是與危險伴行，這可是會讓周遭的人氣餒，因此希望看到這裡的騎士們，都能做一個具有足夠判斷力的成年人，並真的充分享受騎乘的樂趣。為了清楚自己的所在位置，請一定不要忘記攜帶地圖及NAVI喔！來吧，現在正是出發的時候囉！（笑）

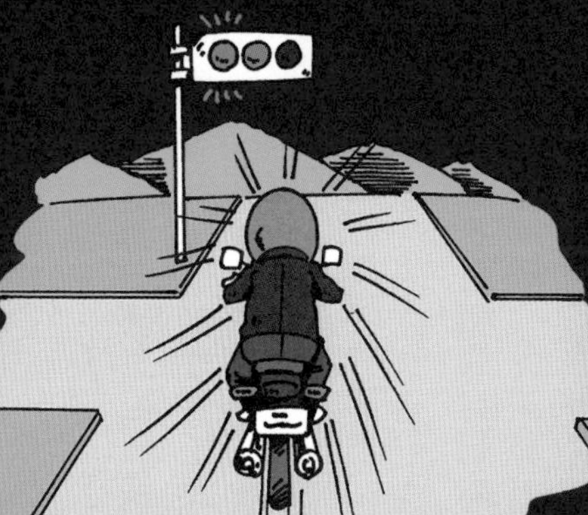

建議三

絕對要在地標景點前拍照留念

By「旅程MAPPLE北海道」網站負責人 小原信好

「你是從哪裡來的啊？」看到我那滿載行李的骯髒摩托車，最常被人問到的，就是這句話。

從 1988 年的四月到 1989 年的六月止，環行日本一周，所騎乘的是 Honda 的 NX 125。

這輛 125cc 排氣量的車子，車牌上其實已經說明我是打哪來的。在日本騎行時，我常被問到是哪裡人，不過即使說話了，不知道的還是大有人在。話說回來，這也成為我與陌生人打開話匣子的契機之一，非常有趣。

取得摩托車駕照後，第一次的長途騎乘費時五日，依循著精心設計的計畫表，耗盡心力到達了住宿的地方，卻也因此沒氣力再和偶遇的旅人朋友搭上話。又過了一年後的旅行，沒有任何預定行程便出發了，感受到的樂趣卻是之前的好幾倍。

當然，在計畫環行日本一周時，出發前的那一天、那一刻所決定的「不設限」是旅程的原則，話雖如此，我還是決定了一個大致上的目標。對每個人而言，環行全國一周的定義不盡相同，我的定義是以「征服每個縣政府」為目標，在各縣政府建築前拍照留念，作為征服那段路途後的證據。

旅行過後，騎遍各大都市，

雖然途中也有過辛苦的時刻，但是我仍然非常喜歡這樣的旅行。拜交通壅塞所賜，我得以放慢行車的速度邊走邊停，仔細觀察街道、土地上的人們，以及周遭氛圍。

各縣的政府，每一棟建築物都充滿了自我風格，不但具有歷史，也充滿了洗練的設計感。那時每當有預訂的大型活動即將展開，就會有大海報以及「冷靜」的告示牌。與現今不同的是，以前無法在網路上先行確認建築物的模樣，要到達之後才會知道。

拍攝紀念照片、與警衛打招呼，在「○○縣政府」的看版前很酷地停下了機車，警衛竟因為對這樣的我感興趣，出乎意料地還跟我聊上許多。

「原來你住那裡啊！我曾在你們那的大學唸書呢，好懷念的感覺呀！」背影很寬的警衛這樣說著。話匣子一開，他提到許多有關大學時期的回憶，結果，他還請我在縣政府的職員餐廳吃了一頓午餐。用餐過後才知道，縣政府餐廳的餐點價格不但便宜，且份量十足。那時的照片刊登出來之後，再回過頭來看，真是不勝懷念呢！

九月份，我抵達最後終點，完成了「征服每個縣政府」的目標。在這趟「沒有目的」的旅程裡，我自行制定並且實行了「My Rule」，特地繞行各個縣政府的經驗，成為和人們第一次交談時，非常受歡迎的話題呢！

建議四

雖然要有旅行計畫 不過目標可以粗略

By 騎士 栗栖國安

我的旅行計畫每次都是較為粗略的，要明確決定的只有目的地而已，沒有事先規劃就出發，是常有的事。要說為什麼……我覺得常常因為有了仔細的計畫，就會把行動的自由限制住。好不容易來趟機車的自由之旅，我可不希望被這般那般地束縛呢！雖然旅途的一切順利，能帶來某種程度的安心感，但旅行的樂趣也隨之減半，而旅行的意義也就本末倒置了。如果一開始就把「能和途中意想不到的事物相遇」作為目的之一，也就能讓探索成為這沒有目標的旅行真正的意義了。

當我二十歲，還是報社專屬的騎士時，曾與公司的前輩一同做過長途的機車旅行。當時騎乘用的機車是公司的CB 500 Four。一早就從東京出發，只管在一般小路快速前進，在距離目的地只有一步之遙時，突如其來地遭到警察取締，防風的旗棒，當時大概也被認為是「幫派」來著也說不定。當然，那其實是公司的旗幟。警察看到了旗幟上的字便問：「是要去競馬場嗎？」「是的。」我回答。幸好這樣就被無罪釋放了。隔天，沒有任何預定計畫，只確定不和昨天走同一條路了。總之，先從一般公路前進，再深入山路，由於海拔較高，大半是泥濘的道路，簡單的道路地圖上並沒有告訴我們會遇到這樣的路況。好不容易穿越了山路，來到了鋪有柏油的路面，我問路邊背著蔬菜正要往村子去的婆婆：「請問騎車可以到得了村子嗎？」於是，為了指路，老婆婆坐上了我的機車後座，這也是我人生的騎乘經驗裡，前所未有的有趣體驗。

正當我自認為意外做了件好事而得意不已時，車子的保險絲竟然斷了！我以緊急電線先行處理，然後在村子裡的一個加油站裡，換了新的電線。

當時的快速道路是有著「強盜橫行」，惡名昭彰的危險公路。但是，和泥濘道路相比，我們自然是選擇柏油道路了。在柏油路上前進，小心避開泥濘路面，但即使如此還是免不了遇到柏油路上的泥濘。車輪下滑不溜丟的，路上又充滿了碎石，幸好人跟車都安然無恙。再接下來的途中，是初次遇到了下雨的狀況，直到歸途上都還一直下著。

只有兩天一夜的旅程，卻充滿了各式各樣的經驗，走過了一千二百公里之遙遠的距離，但並不是所謂的苦行。如今，對曾在各地名勝觀光過的印象都已不復存在，但這類非計畫中的意外，卻仍能清晰地回憶。因為沒有計畫，所有充滿冒險的要素才能讓旅行變得更加有趣，當然，這和有勇無謀的亂來可是大不同的喔！

建議五

旅行的意義並非單純的「移動」

By 海洋記者
內田正洋

我從十六歲起就開始騎車，到現在也有四十年的經驗了。從前我稱自己做的事為「遠途騎乘」，在七十年代晚期，我開始嘗試「旅行」。「旅行」指的並不是單純從一個地方移動到另一個地方，也並非像日常的通學、通勤那樣具有特定目的地，一定要有「行」的感覺，才算得上是所謂的「旅行」。

但是，「旅行」這個辭彙的真實意義一直讓我很在意。我至今騎著愛車走過的里程，以環繞地球來算，早就不知道可以繞行幾周了。地球一周約為四萬公里，十二萬公里相當於可繞行地球三圈。假使以一天一千公里行走的話，一百二十天就能走十二萬公里了。這樣看來，繞行地球的距離，其實令人意外地短呢！

只是這樣騎乘的旅行並不會結束，為什麼呢?因為摩托車的旅行，並非將預定的旅途走完就算結束了。

所謂的「知覺」，英文是「perception」，透過人的感官，感受外界的事物和身體內部的狀態。雖然字典裡這樣解釋，但我卻不認為能如此單純就解釋得來。感受機車的「移動」，並不能真正感受旅行的意義。

「旅行」的單字，有英文的「touring」，及中、日文等各國機車界的用語。而「旅行」日語辭彙的源起，有被給予事物或食物之意。也就是說，旅行的字義裡，有為了獲得什麼而行動、為了品嚐什麼而動身的意義。

了解這樣的意義後，我發現「旅行」和「旅遊」兩者間的聯繫。「旅遊」，有周遊的意涵，而「周遊」就有巡迴遊覽的意思。這樣的「遊覽」，能夠讓身心靈從日常生活中解放，縱身於另一個環境。在旅途啟程的時候，我總是祈禱著能夠平安無事地回來。旅途是有危險的，以能夠平安無事歸來為優先考量。

旅途中，不依憑著已決定好的道路行進，畢竟一般的道路可不是為了能夠讓機車旅途進行而設計的。對我而言，「旅行」是以追溯土地的歷史為主旨。為了能更加理解人的土地的歷史，我將持續旅行下去。

建議六

身體將向你傳達有感而發的內心喜悅

比遊覽名勝更重要的事，就是「對任何事物都抱持著好奇心，並將感動的喜悅表達出來」。

就算只是加油站或便利商店的店員，也請放膽詢問吧！事實上，對話的內容不是重點，對於想與陌生人建立一次愉快的交談，成為一個好聽眾，就等於掌握交際技巧的一大半了，而與誰相識、相談，就是構築充實旅行的最基本要素。當然，如果對方在忙的時候，還不識相地搭話，那就是欠缺社交技巧了，攀談的時機也是很重要的。

例如，在有名的觀光地，不管是向誰要求幫忙拍個照，只要是看起來友善的人，都可以向他搭話：「你知道在這個地區有哪些地方可以品嚐到美味的食物嗎？」然後就能得到相關情報。

很少有被稱讚了還會生氣的人，帶著笑容搭話，不但有機會與旅人成為好朋友，甚至還有可能被帶領去有美食的餐廳。我自己也曾因為聽從旅人朋友給的建議，而嚐到了令人讚不絕口得美味。

交友技巧的進階版本，就是看準時機，帶著笑容把家人的照片秀給旅人朋友們一同欣賞，如果可以的話，還可以藉由這個機會好好自我介紹一番。一般人見到家人的照片，多半會因為感到溫馨而微笑。若是地點在國外，效果更好，因為思鄉的心情是世界共通的，家人的照片，對於跨越種族藩籬、搭起友誼橋樑而言，更如同是第二張國際護照一般。

讓NAVI來成就你完美的行程吧

By 攝影師 德永茂

當我們進行著沒有目的的旅程時，就應該要多加利用NAVI。

我通常會為旅行訂定一個標題，除了職業上的習慣，說實在話，多半是為了追尋盛開的櫻花和當紅的楓葉等美景，在調查的過程中決定了目的地，以自己喜歡的方式設定目的地。在NAVI上確實設定了目的地，就能利用它專走小道就能到達目的地。接著，將原本習慣縮短交通時間的「時間優先」模式，變更為以行程為主要考量的「距離優先」。

騎士首先就不會選擇的、更具挑戰性的道路。

拜如此的行程設計所賜，我得以感受到「此情此景」令人驚艷之處。走過一般騎士不會經過的道路，最終的目的，就是到達自己所設定的目的地，這是享受騎乘歷程後，再次獲得的成就感。對於靠自己選擇的小路旅行感到沒有自信的人，一定要嘗試這樣的方式喔！

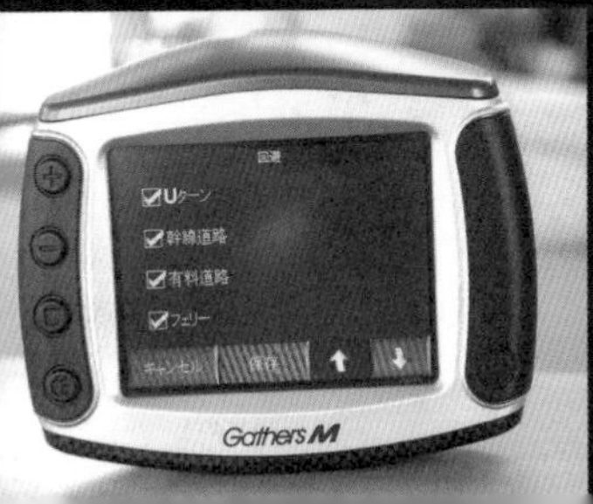

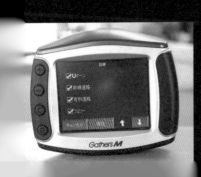

建議八

當時間充裕時 試著往未經之路前進吧！

By 攝影師
森下光紹

為求時間上的效率，民眾皆習慣使用快速道路，雖然較為簡單，但是我的騎乘旅程卻偏偏選擇反其道而行。雖然，我最初也只是行走於一般的道路，並不是人們所謂的「小路愛好家」。當時我也十分著迷於行走在半夜的高速公路上。但後來我發現，只是筆直地往目的地前進，並不是我最喜歡的行進方式。

今年夏天，我試了各式各樣的旅行方式，有搭乘高速鐵路、避開收費道路等，也曾往深山地區前進。這樣的道路，以往大部份是主幹道路線，也有時是最新的廣域農場道路，一般大約都要行走二到四小時以上的時間。但是朋友間相傳，這樣的道路上，滿是不可思議的美好事物。

首先，交通量較一般道路少了許多，地方上的生活用路也廣受在地的人們好評。無論是吃飯、或是拜訪附近的人們習慣常去的餐廳，都能夠帶來愉快的旅途經歷。與相遇的當地人聊天、聽到有值得拜訪之處的情報就下車，然後朝向它對這塊土地展開歷險。雖然旅途中總不免有辛苦之處，但也充滿了難忘的回憶。

我踏遍國內各地，某幾處也曾經於經過數年後再度造訪。當地的道路已經隨著時日遷移而變更，自己也彷彿回顧過往般凝視著這樣的景象。

小路旅行並不會耗費太多的時間，但若只考慮到時間上的效益，還是不要選擇這樣的旅行方式，甚至最開始就不該選擇以騎乘摩托車的方式進行。

在時間許可的情況下，就往那從未去過的地方冒險吧。在那裡，可以發現「喜愛的事物」，屬於自己的寶物。

受到了喜歡的店家盛情招待，數年過後再循著同樣的路線造訪，又得以享受到相同的樂趣。

雖然先進都市有很高的柏油鋪裝率，但在鄉下無論怎麼走，舒適感卻比柏油路更令人回味無窮。

建議九

盡量避開主線道
享受小道、歧路的樂趣

By 騎士
中村友彥

說起旅行，我馬上想到的就是避開主線道，只走分歧路線的行進方式。

如果以旅行地圖上的線段顏色來說就是紅線。比起路線的複雜，倒不如說是持續不斷的相似風景，著實讓我不感興趣。

無論走什麼樣的道路，旅行的地圖都會以顏色做區分道路類型。若是最近雜誌上都沒有刊載的，就利用Google Map查詢。

與路線確實的主幹道不同，次要道路通常不太有交通標誌，鋪有柏油的路面在中途就中斷、或是出乎意料的彎曲難行等等；可能遇到路況好的道路，也有可能遇到連越野車也難行的爛路。突發狀況有很多種。但這樣不可預測的狀態，卻恰好引發我冒險的興致。

若能更理解踏上的異地 就能為旅行增添更多樂趣

By BikeJin
前主編　和田康

原本，對照著計畫進行感到棘手的我，對於旅行的方式多半是以「走一步算一步」來進行。這樣的我，在「不設限的重機之旅」中發現的，是「一定要接觸當地的零售小店」這件事。

當我前往最近的零售店購買伴手禮時，其實骨子裡是希望能從那裡得到一些情報。那天店裡有營業，店員是當地人，理所當然對這塊土地非常了解：「昨天下了大雨，所以山裡的土地有些崩塌。」這樣的情報，完全不需要從其他地方再費時搜尋。

再者，若店員是年長者，就能夠順便請教當地的歷史和風土民情，也能打聽對於即將造訪地點的相關情報。了解當地，就能夠加深這趟旅行的深度，想想也真是不可思議。

請務必利用「零售小店」。而且，一定要選擇看起來生意清閒的店鋪，店員才有時間能向你侃侃而談。

旅途中發現的美味，是旅行最大樂趣之一

如何發現美味店家？向達人學習「訣竅」吧！

不設限的重機之旅中，首重發現的美味食物，而要發現它可得好好做一番功課，現在，就讓我們向達人學習吧！

看起來不太體面的小店很有可能是當地人氣餐廳

重機之旅的魅力，就在於受感動而想要「停下來」的瞬間。而重機旅行的妙處，就在於能夠想停就停，甚至不惜調轉方向。這是我的機車旅遊鐵則。

尋找美食餐廳時，那一聲「啊！」的直覺可是很重要的。我的判斷原則是：「自動忽略熱門的店，專找本地商家，且是能夠好好邊用餐邊聊天的店。」在邊行進邊想著「這間店不錯耶～那間也很好」的過程中評判店的好壞，可能行進的同時就忽略過去了。在這裡偷偷告訴大家如何能在騎車經過時，確實判斷「當地人大推」美味餐廳的要點。具體而言，門口陳設掛著門簾的磨砂玻璃，完全看不到內部的「很難親近的店」，才有好餐廳的高度可能性。

這樣的店，只要打開店門，說明自己聽聞此處有推薦的料理、自己是從外地來的等等，以充滿誠意的話來開頭，通常便能得到善意的回應。旅遊的趣味，就是與各種不同的人交際。像這樣能與當地人對話的好店，首先一定會有美味的食物，這是我個人的經驗。

順帶一提，例如像是在美食餐廳內品嚐到美味的魚乾等等，就可以順便請教店內的人何處可購得，也許能在附近的漁港買到、成了最佳伴手禮。像這樣能夠獲得當地情報，也是不設限之旅的好處之一。

確認美味餐廳　三個重點

1. 當遇見驚奇有趣的事物，而在內心驚呼「啊」的時候，不要猶豫馬上停車。

2. 行進時是無法在短時間內對多間店家作品評的。

3. 確實掌握判斷「當地民眾也愛光臨店家」的要點。

在有遊覽車駐留的餐廳前後方可能隱藏真正的美食好店！

大型遊覽車就代表眾多的觀光客。

的確，雖然名店並不一定如看起來的水準，但在味道以及服務品質上應該是具有一定的水準，才得以擁有高人氣。

不過，我卻總是能在這樣的店周遭，尋找真正的美味店家。

在我的經驗裡，高人氣的店附近，總是隱藏著真正供應美味餐點的店，雖然可能又小又舊，但是門口卻清理得很乾淨，抑或是因為店內狹小，而造成容客量有限等。

從店內飄出香味代表不斷地炊煮客人不斷上門的盛況

旅行中，偶爾在食物上踩到地雷…會非常失望，甚至會讓整個旅行完全變調。

這時候，我最在意的是「熱氣騰騰」，也就是說，「供應美食的店↓客人出入頻繁↓廚房使用頻率很高↓不斷端出許多美味食物，並傳出陣陣香氣」。就算不進到店裡，也很容易可以想像店內盛況。也就是說，有真正實力的店，當然應該是熱氣騰騰的。

對餐館不需太刻意選擇 只要挑選喜歡的光臨即可

大家都期望能找到東西好吃、供應當地美酒，而且整體氣氛也很棒的店。但若太刻意尋找，反而容易失去了閒適的樂趣。

「光臨走過的第二間店」的法則就是，不刻意尋找，而是走進路過的店。雖然隨性，但是在想喝酒的時候走入的店家，卻總是意外地美味，反而能成為日後念念不忘的口袋名單。

來自當地的聲音　在在都是充實不設限騎旅的關鍵

順利搜集當地情報的訣竅

不設限的重機之旅最重要的關鍵，是搜集來自當地的情報，而要搜集當地情報，無論如何都需要和當地的居民對話，這裡總共有七個重點，與大家分享。

STEP 01

在加油站時也可能打聽到有價值的情報

想要輕鬆得到當地的情報，我建議可以直接請教加油站的員工。不過，要注意別太陶醉於對話，加油完畢對話應隨之結束，才不會給下一位客人帶來困擾。

STEP 02

騎乘旅遊途中 不管遇到舊識或新朋友 都應該試著搭話

在異地遇到騎士朋友，就先從誇獎對方車上的改裝重點開始搭話吧！因為對方熟知當地情報的可能性很高，也許能得到有價值的情報也說不定。

STEP 03

試著在旅館周遭 獲取有價值的情報

在旅館附近，很容易找到值得一訪的店家。居酒屋多半與餐廳有合作關係，總能從該處得到折價券（兩者可能有合作關係）。如此一來，就能順勢覓得小酌的好去處了。

在車站或便利商店 當地「名產」也值得關注

車站或是便利商店的某某限定商品等，可能和當地盛產的物料有關聯。例如使用當地名產而製成的汽水，即使只是這個也能成為與當地民眾對話的材料之一。

STEP 04

真的可以得到當地情報嗎？

先前的文章中曾提到「旅行的趣味，在於和當地的人事物接觸」；其他的旅遊達人，也很重視與當地住民的對話。所以，不要逃避，在與他們的對話中，好好搜集當地的情報吧！

有的達人說：「從人們口中得知當地湧泉的泉水是不容錯過的景點，造訪後果真嚐到了令人難忘的美味泉水。」像這種導覽手冊當中絕對不會寫的情報，就只能從當地居民的口中得到。無論是擁有絕佳的美景或有名的溫泉，設法聆聽「來自當地的聲音」，確實是旅行達人們皆十分重視的旅遊秘訣。也就是說，和第一次相遇的人友善地對話，然後得到有價值的情報，這就是技巧。當地的街角，也是容易得到情報的場所。我們會將對話的技巧，階段性地向各位介紹。如果能夠確實上手，就能得到來自當地的情報了。

STEP 05

當地的老人熟知當地的情報

與當地長輩對話，總能從聽取他們豐富的人生經歷與當地歷史故事中得到充實感。例如造訪小店時，就可以向老闆娘請教當地的歷史，以及值得一看的建築物等相關情報。

STEP 06

大力稱讚當地的代表物 就能話匣子裡得到當地的情報

稱讚當地的代表性事物，大多就能引得當地居民侃侃而談。一旦被誇獎了，也容易有侃侃而談的興致，如此一來就能營造出得到有價值情報的愉快對話氛圍。

STEP 07

在寺廟附近有許多地方能得到易疏忽的情報

寺廟或佛堂附近，有許多熟知當地情報的專家，特別是有許多熟知美味小店的和尚。

「不設限的重機之旅」順利進行的十大守則

為了讓「沒有設限的自在之旅」能夠順利進行，我們搜集了十個要點，無論是何種旅行，都能有效運用喔！

「不設限重機之旅」十大守則 一

要注意歸途到區間的時間

掌握從出發地點到定點——像從高速公路搭車，騎乘至下交流道的第一個地點等所需花費的時間。若能確實掌握每一段距離所需耗費的交通時程，回家的時間也就很好把握了。

「不設限重機之旅」十大守則 二

迷路了也沒關係

現在的地圖精確性高，也有騎乘專用的 NAVI 衛星導航。如果帶著智慧型手機，更能簡單以 GPS 掌握目前所在的位置。在數位科技的時代，要想找一個被完全隔絕的瞬間，還真的不容易呢！不過話說回來，既然

是不設限的旅行，也就沒有所謂「迷路」這樣的概念了。沒有行進的確實方向，才是不設限的自在重機之旅真正的魅力所在。

「不設限重機之旅」十大守則 三

下午三點前踏上歸途 就能從容結束這趟旅程

不管多麼認真想掌握歸途所需要的時間，為了途中可能發生的意外，還是要先為狀況做打算。若自下午三點開始動身踏上歸途，就能有十分充裕的時間從容應對。

「不設限重機之旅」十大守則 四

一邊騎車 一邊於地圖上標示出 曾走過的路線

發現地圖上所沒有的、未知的道路時，盡情品味那無盡的感動，是這趟「不設限的自在重機之旅」最棒的地方。但回到家後，會不會幾經思索，還是想不起來幾天前看到那絕妙之景的地點在哪裡？供應美食的店家又在哪裡？因為是地圖上或導覽手冊裡沒有標示或記載的地方，所以為了確實掌握地點，最好將所到之處都好好標記在地圖上，也能提供下一次旅行的參考資料。

「不設限重機之旅」十大守則 五

預先加總距離預防萬一 就能以放鬆的心情 自在行進

騎上機車，就彷彿哪裡都去得了，這就是騎士的天性。但是，如果真的隨性而行，那就算有多少時間、使用多少汽油都不夠。因為是「不設限的自在重機之旅」，所以

就算目標粗略也無妨，但對於行走的里程數上限，要能確實掌握。這樣就能避免因為旅遊過度忘情，而忘了注意車況，因此產生意外的情形發生。

「不設限重機之旅」十大守則 六

留意方位

旅途中容易不知不覺開始迷惘，自己目前究竟是朝向哪個方位行進。若能確實掌握方位，對避免旅途中的意外有很大的幫助。一邊行進、一邊要注意掌握目前所在位置的方位。

以太陽的位置、住屋的簷廊或陽台的位置（大多是朝南）判斷，若是在海邊，海岸線與防風林多半是位處平行的方向。透過這些，就能判斷自己目前行進的方向。

「不設限重機之旅」十大守則 七

靠著顯眼的地標 就能輕鬆掌握地形

利用目標地周圍環境的地標或特徵，來確認自己目前的位置是很方便的。

像是著名的某某山的周圍、某某半島的外圍等，一定會有某些明顯的特徵或地標。如果有這樣的地標，旅行就變得簡單多了，初次嘗試這種旅行方式的騎士可以試試看。

「不設限重機之旅」十大守則 八

隨時注意存油量 郊區的加油站 並非24H營業

要隨時注意油量的變化。

雖然這對任何旅程來說，都是理所當然的事，但對於習慣都市便利的我們而言，一般來說並不會太在意加油的時間點。「沒油了，就在下一個街口的加油站停一下吧！」但是，對於不設限的自在重機之旅而言，行駛於未知的土地上，人生地不熟，若要等到快沒油時才加油，很有可能在危急時刻會找不到加油站。

另外，有些郊區的加油站假日是休息的，因此對於存油量一定要注意，及早補足燃油。

「不設限重機之旅」十大守則 九

旅行中要有應付各種意外狀況的腹案

旅行中，無法預先知道愛車會產生什麼樣的故障，因此在車子裡一定要放置能夠緊急處理的維修工具，才能夠在車子故障的第一時間內得以應對。

「不設限重機之旅」十大守則 十

在不設限的自在重機之旅中 才能知道自己是何種人

在不設限的自在重機之旅中，騎士多半分為兩種類型。

第一種人，對於目的地該設在何處、如何安排旅行路線等諸般問題感到困擾、侷促。

第二種人，是反而在不特意設定計畫的狀況下能感到安心，只想不斷持續往下走。不管是哪一種，都是注意力散漫的象徵。在騎乘途中攜帶行李的狀況下，用網子或繩子固定行李後，旅行途中也要隨時注意行李是否有脫落的狀況。

Chapter 2

重車出遊重點全攻略

團體重車旅遊

說到重車旅遊，一人成行容易，所以大多不會有問題，不過要是加上了一些夥伴，總會發生一些預期之外的狀況，就連平時能順利通過的快速道路和十字路口也感覺變得很棘手。團體出遊時到底有哪些一定不能忽略的重要事項？讓我們在這個章節中完整告訴大家！

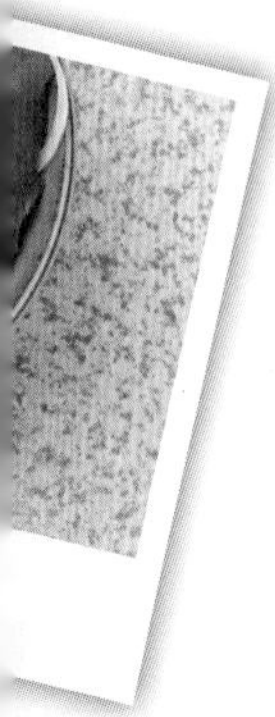

千山獨行雖然瀟灑
眾人同遊歡樂更多！

徹底解析重車出遊的魅力

與喜歡重機的朋友揪團出遊，究竟有何魅力？在正式進入主題之前，我們先看看問卷調查的結果，來探討重車組團出遊的魅力。

近半數車友熱衷出遊 視為假日休閒興趣

重車出遊究竟有什麼樣的魅力？為了探討這個問題，我們之前先針對本公司的讀者進行了一項問卷調查，訪問到九十一位讀者對重車出遊的見解，從中瞭解到大多數的讀者都對重車出遊極感興趣。

魅力 能和大家一起聊聊機車經

2 魅力 彎道景緻好美…大家能一同感受的喜悅

3 魅力 能結交更多同好的朋友

4 魅力 就算碰到了麻煩 大家都能一起解決

其中最讓編輯部深感興趣的是，有將近80%的讀者都有重車出遊的經驗，而且其中竟然有超過60%的讀者有當過幹事的經驗，也就是說本社的讀者在重車出遊時，大多是從事領隊的工作，因此可說他們都親身體驗過列隊行進的辛勞和困難，還有活動順利完成時的喜悅。

其中大多數的人都是參加由店家所主辦的旅遊活動，也有和好友或公司同事一同出遊，以十至二十台車出遊佔了絕大的多數。超過十台一起在公路上前進，可說是一件非常困難的事，不過大家能一起聊機車經，一同感受美好景緻的喜悅，還有能認識更多的同好朋友，相信這些都是所有車友對重車出遊深深感到興趣的原因。

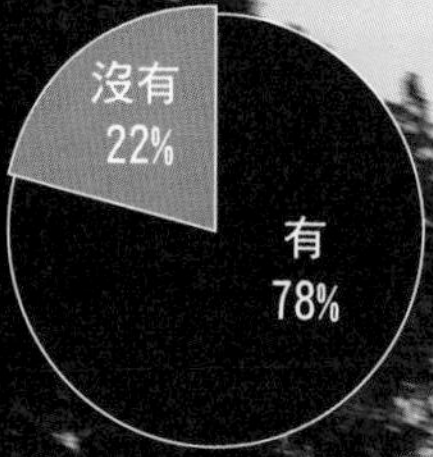

5 魅力
和高手一起騎車
能學到更多的騎乘技巧

6 魅力
順利平安帶著大家
返航的使命達成感太棒了！

快樂出門 平安回家的旅遊規劃術

參加重車出遊的車友都有不同的技術和經驗值，如何順利抵達目的地並讓參與車友都能同享出遊的樂趣，本期就來介紹掌握重車出遊成功關鍵的規劃術。

出遊要玩
得盡興領隊
的事前準備
非常重要！
85-91

重車出遊時必備道具

內置通訊器材

內藏藍芽內置通訊器，由於通訊距離長，因此在無線通訊上大為有用，能聽到無線對講機和衛星導航系統的聲音，用途多樣化，建議領隊一定要帶著。

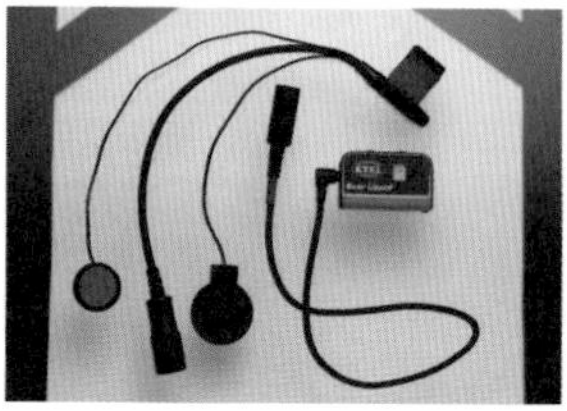

業餘無線電對講機（右）

只要有執照，業餘無線對講機是非常方便的，不同於無線耳機，能和三人以上互相通訊。照片上的是STANDARD FTS-10S，體積小又防水，非常適合機車使用。

衛星導航系統（左）

在主辦重車出遊的時候，能在事前將路線做好設定的衛星導航系統就顯得非常重要，不過也不能單純依賴衛星導航，要記得帶上旅行用地圖。

替換用的頭燈 兩種機車修理的套件工具 垃圾袋

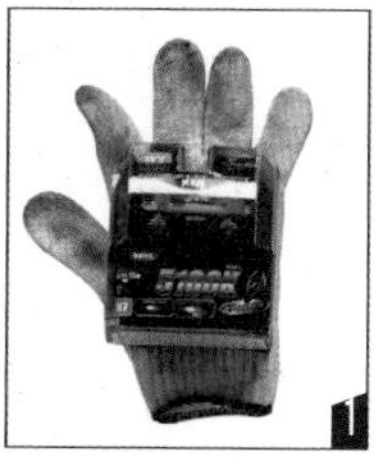

1

3

2

1 頭燈的燈泡要是壞了，就無法再繼續前進，務必要帶著。

2 修理機車用的工具最好能準備兩組不同的。

3 垃圾袋還能當作防寒衣的替代品，大力推薦。

為了自己的夥伴，就要把必備用品都準備好。

重車出遊的基本：以新手為中心進行調整

單人旅遊在某個意義來說就是隨興，想休息的時候就休息，就算把最初擬訂的路線和規劃全部拋諸腦後，也不會有任何的問題，因為只要對自己負責，無需顧慮別人的想法。不過當多數人一起出遊，每個車友的經驗、技術、年齡還有體力都不同，要一起向著同一個目標前進，可就不能隨自己高興怎樣就能怎樣了。

這時需要仰賴領隊去做的事就是要以經驗少、女性和高齡的車友作為基準來擬定整個出遊的計劃。要說多人旅遊的成敗掌握在旅遊領隊（幹事）手上一點也不為過，在此就把主辦重車旅遊時該注意的事項介紹給各位讀者。

Planning Know How 1

事前先掌握參加車友的經驗值與新手的人數

最好能在事前先了解參加出遊的車友中，騎車經驗少和經驗豐富車友的比例，這樣對決定路線的規劃、設定休憩點的距離還有估計一天的總騎乘距離都非常有幫助。

新手越多，一天的總騎乘距離就要設定得短一點，這就是最基本的重點。

新手

老手

在計劃重車出遊時，確實掌握第一次參加重車出遊的新手比例是第一步要做的事。

Planning Know How 2

設定參加者一天的總騎乘距離完成設定

如果是經驗豐富的老手，一天騎個六百或是七百公里，大概不是什麼大問題，不過一定得先考慮到如果是新手的話，這可能會成為不可能的任務，當然也必須視騎乘狀況、快速道路、山路、一般道路的比例來做設定，一天的騎乘距離設定在三百公里左右，是最理想也最令人放心的距離。

對第一次參加重車出遊的新手來說，一天最理想的騎乘距離是三百公里。

Planning Know How 3

旅程要考慮到新手的技術並不讓老手感到索然無味

基本上儘可能選擇新手也能輕鬆適應且不會迷路的路線，不過其中也必須有能讓老手發揮實力的路線，設定自由行中繼點，在到達目的地之前讓老手自在地騎乘。

設計讓新手也能輕鬆騎乘的區域和路線是理所當然的，但是讓老手也能充分享受騎乘樂趣也是非常重要。

在設定自由行中繼點時，自己可別也跟著自由行去了，必須留下來幫忙新手。

Planning Know How 4

準備好多條的路線以備不時之需

設定出新手和老手都能共享樂趣的路線固然重要，但也必須考慮到新手過度疲憊或是道路壅塞的可能性，當然還要顧慮天氣的惡化或突發狀況的發生，務必事先考量到快速道路或是更好走而且能前往目的地的路線。

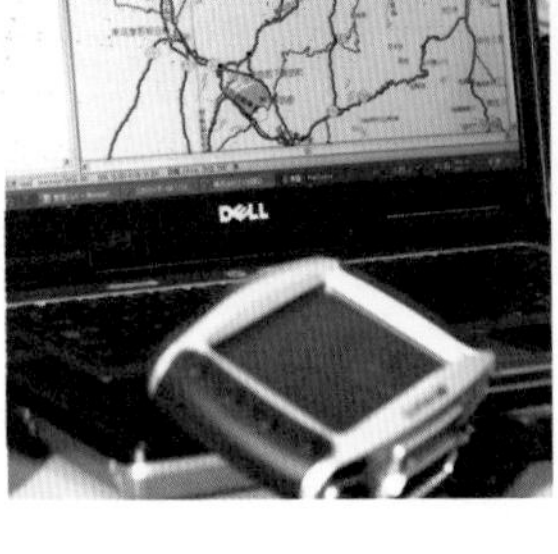

Planning Know How 5

參加人數多的時候必須配置助理人員

重車出遊時，如果是五人左右的隊伍，領隊一個人大概就足以應付，但是在人數更多的時候，就必須在隊伍的後方設置助理人員，在隊伍的前後都有人能進行支援，也讓新手能更放心地騎乘。

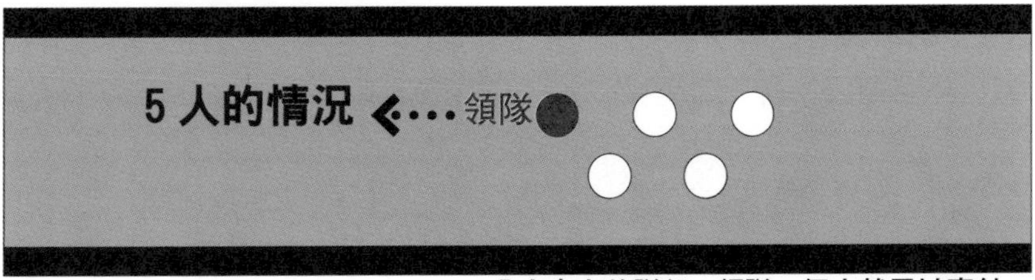

5 人左右的隊伍，領隊一個人就足以應付。

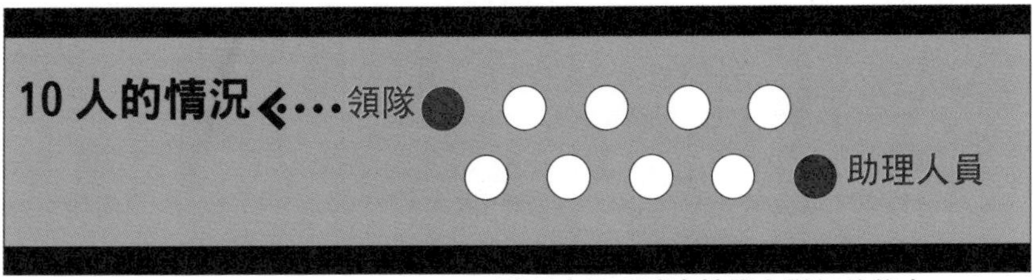

助理人員要確實地跟在隊伍的後方。

Planning Know How 6

人數更多時再分成數個小隊

參加人數更多的時候，儘可能地將人分成五人到十人一組的小隊。

每個小隊前後各自分配領隊和助理人員，這些人也必須了解要在什麼地方休息和要走什麼路線。

20 人的情況

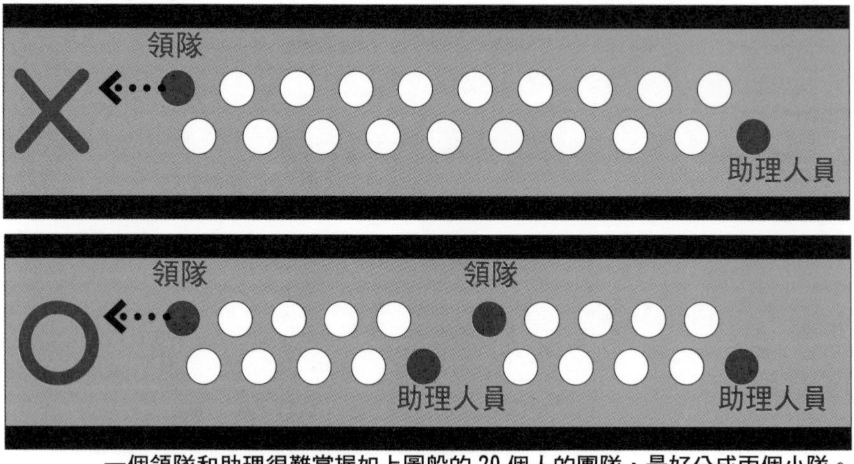

一個領隊和助理很難掌握如上圖般的 20 個人的團隊，最好分成兩個小隊。

Planning Know How 7

預防新手過度疲憊和天氣變化的可能性事前掌握休憩的地點

初次騎車出遊的車友，可能比老手所能預料的更容易感到疲憊，另外天氣也有可能惡化，為預防這些事的發生，必須掌握多個在出遊途中的休憩地點。如能在事前調查出到達原休憩點前什麼地方有騎樓或停車場，就算遭遇突如其來的大雨也能放心。

一般道路上的休憩地點也必須確實掌握，可以多加利用較大的便利商店或是餐廳當做休憩點。

Planning Know How 8

領隊和隊伍最後方的車友必須配備無線電對講機或無線耳機

對重車出遊而言，接下來要往什麼地方去，或是在前方的十字路口要往哪個方向轉彎等基本情報是非常重要的，隊伍前端進行迴轉，可以藉由無線電對講機或無線耳機和後方車友取得聯繫，事前以手勢告知身上沒有通訊器材的車友車隊的行動也是非常重要的。

多加利用無線電、對講機或無線耳機來進行連絡。

「重車出遊」的成功秘訣

重車出遊雖然充滿樂趣，但和單獨出遊有著天壤之別，因為是集團式前進，為讓騎乘更為平順就必須有所約束，只要能活用本篇所提到的秘訣，無論是領隊或新手都能非常受用。

集合篇

別以為集合動作是件小事
集合成敗直接影響出遊興致

參加出遊的車子越多，集合地點的選擇就越讓人傷腦筋，最基本的就是要找個容易辨認並能用來休息，也不會給旁人帶來困擾的地點，另外，嚴守時間限制是團體行動的基本禮儀。

Question 如何選擇集合地點？

Answer 最好選擇還有空間的大型汽車用停車場

最適當的集合地點是有較大停車空間的地方，一般來說會選擇大型便利商店前或是有大型平面停車場的地方。

選擇便利商店是比較不會搞錯的地方，而且買飲料食物或上廁所都非常方便。另外就是大型平面停車場，目前只要是大型的平面停車場都有機車專用停車場，但重車出遊時的車子多，最好選擇汽車用停車場作為集合地點，不過大型停車場附近大多非常壅塞，最好是選擇一進停車場後較為空曠的地方，也比較容易找到。

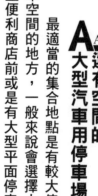

Q Question

集合時有何務必遵守的禮儀？

A Answer

嚴守時間規定是不用多說，別忘了要先加滿油！

個人出遊因為校長兼撞鐘都是自己，所以只要自己做好了出發的準備，隨時都可以出發；但重車出遊屬於團體行動，嚴守時間的規定是一定要遵循的，要是在集合時間遲到的話，勢必會影響到大家預定的行程，如果因為有事耽擱無法準時到達時，一定要打電話或是傳簡訊讓一起出遊的夥伴知道。可以請車隊先行出發，到了下一個休息地點再行會合。

另外，千萬不要在車子沒加滿油的情況下就去集合，出發後才發現油沒加足，一整個隊伍都得因為一輛車而停靠加油站，不但會因此拖延很長的時間，更會影響到預定的行程，所以出發的前一天就要記得去把油加滿。

一己的疏忽會影響整個計劃的步調，務必在前一天就先把油加滿。

Q Question

有什麼帥氣的停車方式？

A Answer

配合不同狀況小心停車

希望大家能在到達用餐地點或目的地後，多加注意一下自己的停車方式。例如可以用在美國常看到的「美式停車法」，這樣的方式不僅看起來又壯觀又酷，而且出發時出車方便。

不過在停車空間不足時，這樣會被當成不受歡迎的人，千萬要多加注意。只有汽車停車格的狀況下，一個停車格停四～六台車是最佳的禮儀，千萬避免在一個停車格只停一台車，另外在有坡度的停車場停車，務必以車頭向著上坡的方向停車。

有坡度的地方則是車頭向著上坡。（上圖）

在空間充足的地方，以整列的方式停車非常壯觀。（下圖）

Q Question 集合時要做些什麼事？

A Answer 開個小型的會議確認路線和自我介紹

如果大家都是好朋友或相互都認識，就沒有這個必要，但其中只要有一個人是初次參加，首先就必須做個自我介紹。這時也要順便交換每個人的行動電話號碼。

如果不願意公開的話，為了能取得聯絡，至少也要讓領隊和助理領隊這兩個人知道。

接下來要讓所有參加的車友了解出遊的計劃，即使是簡單扼要的計劃也行，領隊如果能準備一份旅行須知就能讓同行車友了解出遊的行程。

只要能掌握行程、目的地和休息地點，萬一在中途脫隊，也能不慌不忙地對應。

另外途中的列隊順序、發生問題時的手勢還有車子狀況欠佳時的處理方式等，都要在集合的時候清楚地做好確認。

集合後首先開始自我介紹，至少領隊和助理領隊要先掌握所有車友的聯絡方式。

另外就是要確實地把出遊路線告知車友。車友也至少要記住領隊的長相和車子。

在快速道路上行進時，要以車距稍稍更拉大的方式來列隊。
最好是能從後照鏡看到整個後方車子狀況的程度。列隊方式當然也是左右交叉前進。

列隊篇

左右交叉編隊優點多多！

無論參加出遊的有幾台車，由老手交互夾著新手或女性車友，並且以左右交叉的方式行進是最基本的編隊。

當然領隊和壓後的都是由有重車出遊經驗，騎乘技術佳的老手來擔任。

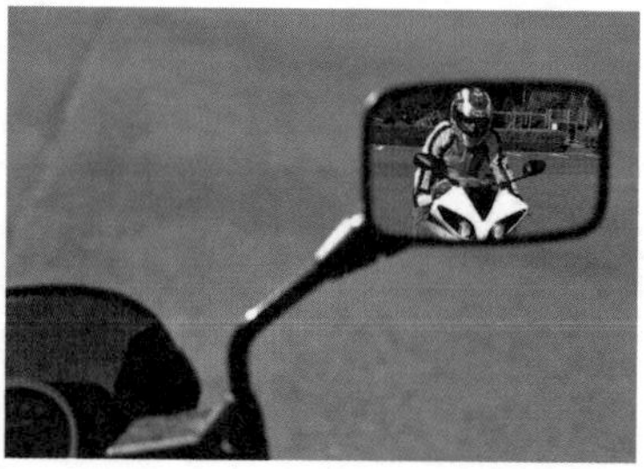

Q Question 基本列隊編成的內容為何？

A Answer 理論上在新手之間插入老手是基本的編成

在重車出遊時，經驗老到的領隊騎在最前面率領整個車隊。

在前方的領隊以是對地理環境熟悉、騎乘技術佳且會不時以後照鏡注意後方車隊狀況的人來擔任最為合適，另外擔任車隊壓後的，也最好和領隊一樣是經驗豐富的老手。

當然在這兩個人之間的就是其他參與出遊的車友，基本上是以老手之間夾著新手或女性的形式來列隊，如果經驗老到的老手較多，領隊後方的第二個位置也最好配置老手，可以當成是支援領隊的角色。這樣的配置在行程計劃有臨時變更時，前面的兩人就能在等待紅綠燈時完全不浪費時間地做出結論。

至於列隊的形式最好是如下圖般的方式來行進，因為是左右分開的形式，自己和同在一條路線上的前車車距較長，即使在緊急煞車的情況，也能減少追撞的危險，另外因為車間距離長，也能保有較寬廣的視野，這樣不但能提早發現前方的危險狀況，也能更有閒暇來觀賞沿路的景緻。

兩台以上車子行進時這是最好的列隊方式。

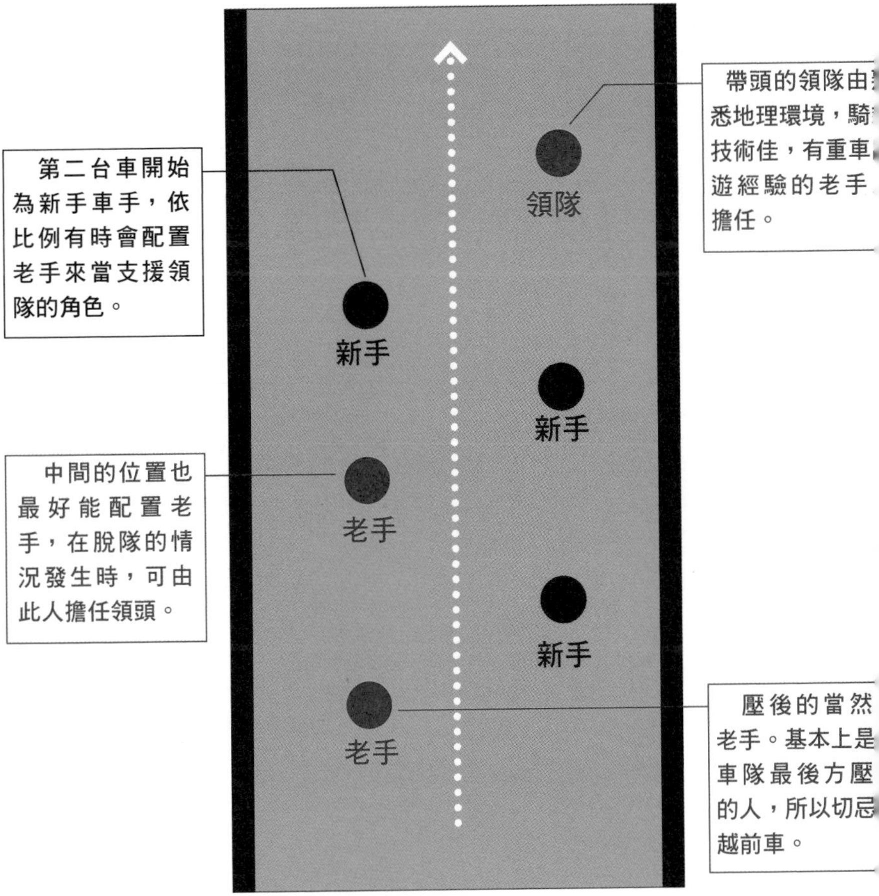

帶頭的領隊由
悉地理環境，騎
技術佳，有重車
遊經驗的老手
擔任。
領隊
第二台車開始為新手車手，依比例有時會配置老手來當支援領隊的角色。
新手
新手
中間的位置也最好能配置老手，在脫隊的情況發生時，可由此人擔任領頭。
老手
新手
老手
壓後的當然老手。基本上是車隊最後方壓的人，所以切忌越前車。

Q Question 百台車該如何來編隊？

A Answer 以十台車左右為單位分成數個小隊前進

雖說是重車出遊，但一般而言大多是以五台到二十台就算是多了，如果是一百台的大會師編成車隊，要一起行動幾乎是一件不可能任務。

以十台車為單位進行小組分隊，以各小隊的方式行進是最自然的。

在這樣的情況時，當然小隊的領隊和壓後一樣由老手來擔任，之間再插入新手的左右交叉形式編隊非常重要，如果其中有半數以上是老手的話就會比較輕鬆些…另外，因為很難全部的小隊都一起前進，所以要在休憩點和落後的車友會合，而且全部的人能一起用餐的地點也因為人數的關係而受到了限制。

高速公路篇

無法隨心所欲 只會讓車子更難騎

出遊走高速公路是難以避免的，特別是重車出遊走高速公路是最安全的，雖然目前台灣高速公路尚未開放行駛重機，但在快速道路騎乘時也可以參考此注意事項。

Q Question 高速公路有何行駛規則？

A Answer 保持適當距離 維持隊形是王道

務必保持行車隊形，並且確保前方視野清晰，高車速狀態下非常忌諱車距過短，車距建議要比一般公路多個三倍左右才夠安全。基本上行車線保持在右線道，假如遇到龜速車或大型車的時，務必在完全確認路況夠安全後再行超車，在高速公路上不是騎慢就安全的，建議領隊切勿隨意更換行車路線，這對後方行駛車輛來說相當危險，另外也可能會遇到汽車切斷隊列的狀況。

按交通規則的行車速度行駛，也就是時速保持在六十至九十公里，即使是這樣的速度，有些新手或女性也會感到害怕，務必要懂得隨機應變，領隊必須從後方的車距來作出狀況的判斷。

行車保持隊形隊是基本技巧，車距要比一般道路多個三倍才夠安全。

Q Question 收費站車隊不打散的秘方？

A Answer 約定好地點等隊友

雖然目前台灣尚未開放行駛高速公路，但如果開放了，難免會遇到這種狀況。

以日本的情況來說，ETC 收費站通常在左側，為了保持右側的行車線，走普通車道通過收費站後，一邊注意後方來車一邊移動，往前方右側開闊的空間等待會合；台灣國道則因為已經全面 ETC 化，所以建議採定點集合的方式，約定好匝道或休息站定點休息集合，避免車隊分散。

在前方沒有停車空間的收費站，在壓後的車友尚未通過前，將車停在前方等待。（上圖片為日本的實際情況）

可在收費站前等待車友，確認狀況後再轉到左側開闊空間。（下圖片為日本的實際情況）

Q Question 如何告知隊友「內急」的訊息？

A Answer 先和身邊的老手用手勢打個照應

當遇到「肚子痛」、「口渴」、「沒油了」等等無法預期的意外時，建議先和身邊的老手用手勢打個招呼，即使是老手遇到這種狀況也都是這樣應對的，行前確認手勢就顯得非常重要。建議在出發前先確認好各種狀況的手勢，或是指向指示牌讓隊友能理解你當下的訴求。

另一方面領隊也要不時以後照鏡確認後方的車子狀況，將有狀況的車子引導至休息站。

各位
先請吧！

沒油了！

看，進
下一個
休息站！

我想
去廁所！
SIMPSON

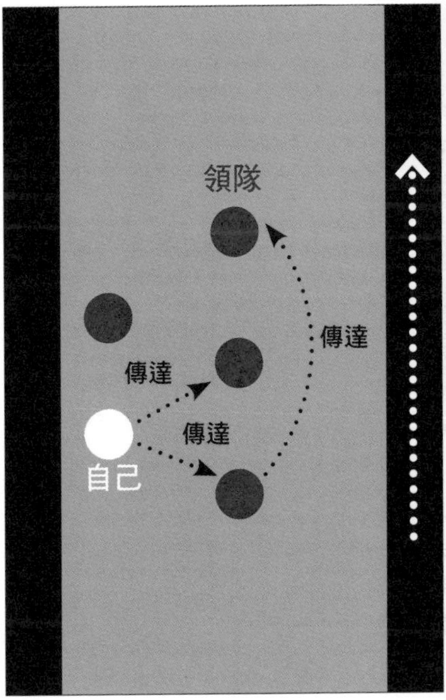
領隊
傳達
傳達
傳達
自己

出發前先決定好各種狀況的手勢，可免去突發狀況的煩惱，另外新手也可以和前後方的老手用手勢打個信號。

Q Question 隊伍被切斷時的處置！

A Answer 遵從老手的指示 切勿恣意超車

無論什麼樣的隊形都有可能被汽車給切斷，血氣方剛的騎士通常都會用力超車，不過必須儘量避免這種狀況的發生。

如果是在新手前被切斷隊形的話，建議配合後方老手的引導跟上車隊。另一方面跑在汽車前面的車友，建議配合老手的行車動態，此時領隊也要開始減慢車速，並且示意讓切斷隊形的汽車早早開離車隊中。

交流道出口附近常有汽車切入車隊，此時新手請跟著老手的行車動態，切勿勉強自己跟上領先集團。

Q Question 脫隊了該怎麼辦？

A Answer 建議先進休息站 再和領隊連絡

如果常保持被老手前後跟隨的行車狀態，按理說新手也不會有單獨脫隊的情況發生，不過真的發生脫隊狀況時，請別慌張，建議先進休息站，或許會發現脫隊的車友正等著你。如果沒人等的話，請務必到大型休息站等一下，還是沒有的話請打個電話和領隊連絡，此時最忌諱奮力奔馳追上車友，等人連絡才是王道。

最糟糕的情況就是一個人先衝，要是自己一個人先走的話，務必在預定下去的交流道收費站前等候。

一個人脫隊雖然恐怖，不過別慌張，先進入休息站，沒找到認識的人再到下個休息站找找。

Q Question 如何能保持隊形完整變換車道？

A Answer 新手切勿快速變換車道 最好和後方車輛保持距離再換

不得不更換車道時，領隊必須先確認後方有無來車，在確認安全無誤後再開始變換車道。接下來騎在領隊後方的新手會很急著想換車道，不過建議不要立刻變換車道，繼續保持原車道，等後面的老手確認車道安全後再換車道比較好；另外，要和領隊車保持點空間，之後再開始變換車道。

依照這三個步驟就能順暢變更車道。

依照這三個步驟
就能順暢變更車道

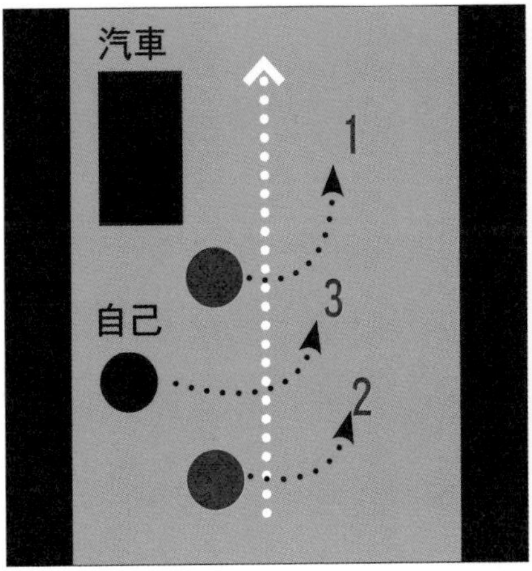

變更車道時，由領隊先進行，然後是第三台老手的車，最後才是中間新手車，這樣的方式較為安全。

有經驗車手都會「一邊加速一邊更換車道」，不過新手多半是「換車道後再加速」，這樣很容易遭到追撞，換車道時建議由後方第三台車引導中間的新手車比較安全。

殺彎篇

一字強頭陣很自由 但問題也很多！

山路中建議新手要配合車隊步調組成「一字強頭陣」，雙列隊形是無法維持安全行車路線的。

Q Question 哪種隊形比較適用於山路呢？

A Answer 當然是一字強頭陣！

殺彎時通常會有決定等待點，然後大家就自由殺彎了，不過如果有新手在場的話，建議最少要有兩台老手車從旁輔助。

另外採隊列騎乘時請保持「一字強頭陣」隊形，碰到連續彎一樣可以安全享受過彎樂趣，還能保有安全的取線。

前導車務必掌握新手的車速，切勿讓新手太過勉強，另外碰到急彎時請及早點放煞車，並提醒車手及早減速，後方車輛如果覺得這樣節奏太難抓或是太慢時請別受到影響，其實步調剛剛好。

另外山路中車距多半不大，建議中間放幾台有經驗車手調節一下車距。

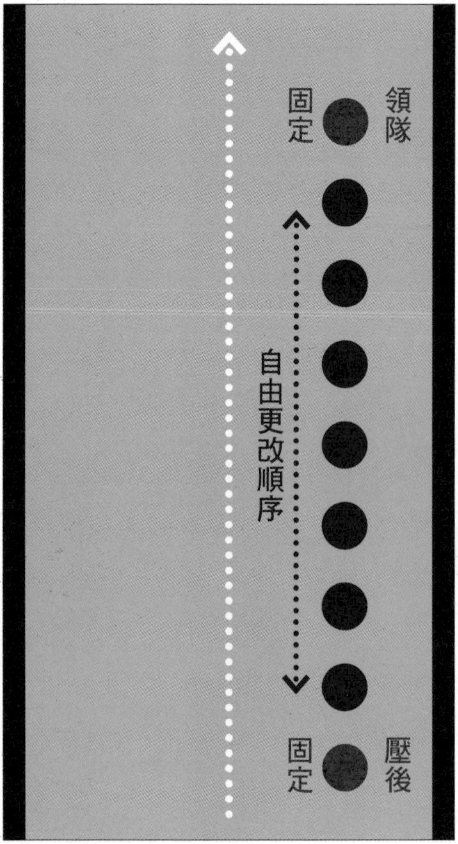

一字強頭陣可更改隊列順序，不過一定要照顧好新手。

Question 在出現車速差別的山路上一起騎會比較好嗎？

Answer 可解除隊形！

高速彎道綿延的山路或是窄彎連續不絕的路段，通常新手和老手之間的距離都會拉開，特別是下坡急彎更是如此，進一步對新手的精神造成打擊。

如何在會出現車速差別的道路上安全行駛，是重車出遊最難的地方，不過太過執著於隊形，反而會遭來老手的抗議，建議此時就別太過拘泥，決定一個會合點，讓老手恣意享受吧！其餘的老手就以教導新手過彎取線的心情來當暫時的領隊。

另外，壓後位置的車友在這時希望能繼續堅守崗位，以期在有突發狀況時能有效對應。

即便是重車出遊，從開始到最後整個旅程都得配合新手節奏，對老手來說實在是一種煎熬，這時就讓老手互相更換一下職務，恣意奔馳一下！

Q Question 有沒有能安全超車的方法？

A Answer 在視線良好的直線路段再超

一般道路超車頗危險，所以盡可能避免超車，如果遇到非超不可的情況，最好是在視線良好的直線路段再超車，並且務必確認有無對向來車，並且以領隊車開始的順序來進行超車。新手通常都會怕前方來車反而比較保守。另外超車時也別忘了對後車打個招呼喔！

無論視線多麼良好，假若前方有車出現的話也要避免超車，建議領隊車要多設想行車狀況，帶著新手安全騎車才是王道。

超車時務必完全確認安全後再超，假如狀況不明千萬別急於一時。

Q Question

需要緊跟前車路線嗎？

A Answer

別死咬著前車路線 保持自己路線就OK了

新手千萬別死跟著老手，畢竟技術有差，而且從後方難以掌握前方路線的狀況，只注意前車的話假如真有什麼狀況是很難察覺的。

當無法跟著前車時，維持自我步調才是王道，不過當領隊車消失時後方老手車輛應適時跑到車隊前方作為領隊車。

殺彎時最能看出新手和老手的差異。老手在前面的話，新手勿忘保持自我的行車路線！

RV 老鳥講古

「路線探勘」是重車出遊的基本

約二十年前還是大學生時，每次籌劃出遊至少都有二十台的量，新成員加入時更可拉到三十台。當時擔任幹事通常都會進行路線探勘、勤做筆記，現在這工作多交給衛星導航系統來煩惱，不過實際騎乘時的感受、道路施工等等都會不太一樣，事前探勘還是非常重要的。

市區篇

十字路口是對車隊的考驗

走走停停的市區很容易截斷車隊，也是最難順暢騎乘的地方，如何排除新手的焦慮非常重要。

Q Question
避免車隊在十字路口被截斷有何秘訣？

A Answer
快變紅燈時請將騎乘步調放慢

嚴格說來必須視實際狀況而定，沒有什麼秘訣，不過確認行人紅綠燈倒是一個好方法，當發現快亮紅燈時可及早減速等待紅燈亮起。

這時為了要讓後方的車輛知道領隊車有準備停車的意思，請點放煞車燈，狀況許可的話就用左手對後方打信號，做出要停車的信號。

Q Question
領隊車輛方向燈觸發時機？

A Answer
為後車著想請儘早觸發！

十字路口左右轉時務必要觸發方向燈，而且要比平常自己騎車時還要早，過晚的話不只後車會嚇一跳，還會發生追撞的憾事。

基本上方向燈請依照前車順序依序觸發，不過這樣一定會發生時間差，最後一台車通常是亮著方向燈過十字路口的，因此建議前導車及早觸發方向燈為佳。

在十字路口要左右轉時，領隊車務必及早亮起方向燈。

Q Question 紅燈時車距都會太大？

A Answer 解除左右交叉隊形 拉近車距 採雙雙並列

停紅燈時依然保持行進的左右交叉隊形，通常會領對車和壓後車的車距過大。車距過大不僅佔用過多空間，也會對其他用路人造成困擾，在十字路口轉彎還有可能遭遇車隊被截斷的問題，此時也只能讓過了十字路口的車輛呆等浪費時間。

因此建議等紅燈時解除行進時的左右交叉隊形並且拉近車距，不僅減輕壓力還能跟車友聊聊天。

停紅燈時建議解除隊形，保持兩兩並列隊形並且拉近前後車距以保左右轉彎順暢。

Q Question

車隊在十字路口被截斷時該怎麼辦？

A Answer

先行車輛於安全地點等待後車

車隊因十字路口等紅燈時行進不順暢而被截斷的狀況是重車出遊的宿命。

此時建議先行車輛於安全地點等待後車，不過這樣做卻也可能妨礙到汽車的通行，因此找個車隊可集合等待的地點也很重要。

假如妨礙到其他用路人的話，請務必移動車隊到安全又好確認後車的地點等待後車。

有時車隊會被紅燈截斷，建議先行車在安全地點等待後車比較好。

休息篇

休息地點選擇錯誤的話就算到了也不要停！

重車出遊一定要常常休息，特別是有女性車友在場以及酷暑的天候更是如此，每次至少要休息一個小時才夠。

Q Question **要找什麼樣的時機休息？**

A Answer **上廁所或是吃個飯都OK**

新手通常都不堪疲憊，跟女騎士騎車的話頻上廁所是免不了的，重車出遊休息時數要比少數人出遊多個兩倍才夠。

在天候酷熱時期出遊，為了預防隊友中暑，務必注意水份補給和休息，總之千萬別覺得休息很麻煩。

出遊不是光騎車而已，休息時間也會成為出遊的一段重要回憶。

Question 找什麼樣的休息地點最好？

Answer 第一要件是要有寬闊的停車場！

即使多休息是必要的，但在路邊休息是絕對遜掉的，有寬闊停車場是絕對的必要條件，有廁所以及能購買飲料的地方是最低限度的選擇，畢竟休息就會想去便利商店買點東西。為避開炎夏酷熱的陽光照射，務必選擇有陰影的地方，比較舒適也較能減輕疲勞。

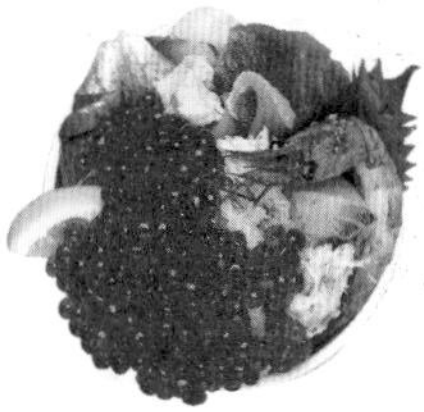

另外重車出遊要找個吃飯的好地方並不容易，火車站附近雖然方便，但也會有碰到車友想要吃當地名產的要求。

Question 有需要整個車隊都一起加油嗎？

Answer 即使還剩一半的量也請把油加滿

各車油耗不同巡航距離自然也不一樣，因此加油時間也會有所差異，不過重車出遊時要是照著個人的油耗時機去加油，只會造成時間的浪費，配合巡航距離短的車子，整個車隊給他加下去吧！

即使還有一半的油，但只要到了加油站最好就把油加滿。

解散篇

大多都是在集合點解散但天色昏暗時可另做選擇

在集合點解散的方法最為一般所接受，另外假如是下高速公路的休息站中集合，也可以在上高速公路的同樣休息站解散。

天色昏暗將難以辨識車友，建議出遊時身穿反光度、辨識度高的衣著。

Q Question 解散的時機與地點如何選擇？

A Answer 一般都是在集合點解散

不少多人旅遊行程都是一起出門一起回家的，不過也有到達目的地後自由活動的旅遊行程。

一般來說都會選擇在集合點解散，假如集合地點是在高速公路休息站，建議將解散地點設定於上高速公路的休息站中，天色昏暗的話建議讓老手陪著新手騎到自家附近為上策。

Q Question 回到家後又該做些什麼事？

A Answer 讓同行車友知道你已經平安回家

雖說大家都是成年人了，不過同行的領隊和老手們還是會擔心解散後是不是所有成員都平安回家了，特別是針對女性車友更是要這麼做。

不管是誰跟誰連絡，只要回到家，就相互用簡訊、email、即時通或是在FB上告知一下自己平安就OK了。

簡訊、email、即時通訊軟體等報告現況的方法多又多，就用這些媒介報告出遊後記和報平安。

十年前沒有的東西現在當然要好好用一用

數位「旅行用品」活用術！

數位連絡器材在重車出遊時特別好用，獨行、重車出遊都適用的「家私」，現在就為大家一一介紹。

近來流行的藍芽通訊器材基本上可以和電話一樣進行一對一溝通，重車出遊時前，領隊能用來和支援車互通有無以掌握車隊的行車步調。

通話距離可達一百公尺的藍芽通訊器材就很關鍵了。

另外藍芽內置通話系統也很重要，不僅可跟後座溝通，還能接行動電話，不只能連絡脫隊車友，還能跟前導車溝通，還能更換來電，花樣多多。

ONE 1

藍芽裝置通訊器材 BLUETOOTH INTERCOM

通信距離 100 公尺的 Class 1 具有 3＋1 頻道的多樣設定，還可搭配混音器，功能多多。

下個休息站休息吧！
收到！
車距稍稍拉開也一樣能溝通

近來內置通訊器材的通訊距離可達一百公尺以上，防水防撥水已成基本性能，讓你重車出遊也安心。

重車出遊時提供舒適又安全的數位通訊器材

這產品並非只能當作通話系統，行動電話、個人數位播放器、衛星導航系統、測速照相雷達等等，都可與藍芽通訊裝置連結並且聽取示警信號，不同機種還可使用內置通訊系統，或是改成示警聲響觸發後自動切換的功能。

測速照相雷達

個人數位播放器

衛星導航系統

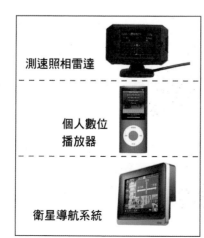

不是只有通話這麼簡單！多多活用拆裝簡單的數位工具

安裝超容易誰來都可以！

藍芽通訊器材的安裝超簡單，所有的通訊器材幾乎都有設計帽體夾具，揚聲器反面還設計有鏈條。

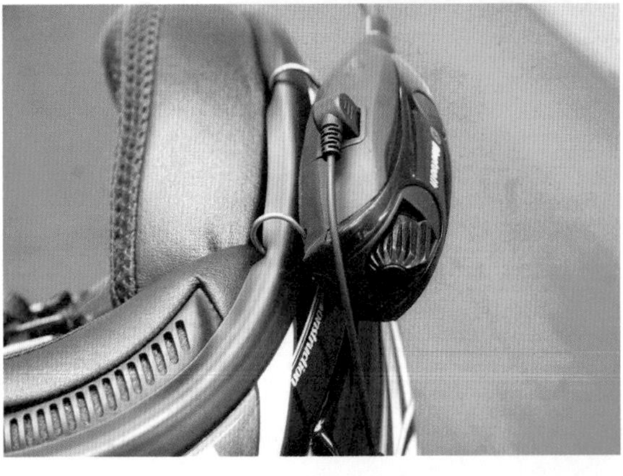

何謂藍芽配對？

兩台藍芽器材要相互通訊必須預先配好對，也就是互相登錄機碼，往後就可輕易呼叫對方了。

免考照的小電力無線電
重車出遊大活躍！

藍芽通訊器材雖方便，但無線電可一對多的優勢，是重車出遊時無可取代的利器。

藍芽通訊器材通常只擁有基本的一對一通訊功能，無線電卻擁有一對多的實力，是重車出遊時的利器。領隊對全車隊下指示後，其他車友還能提出自己的意見，邊騎車邊聊天真的好不愉快。

無線電在需要講話時就是發信模式，其餘幾乎都是收信模式，可用能放在手上的「PTT 按鈕」來進行切換，看似困難，實則習慣後簡單。而特定款式的小電力無線電由於免考照加上價格低廉的優勢，還有安裝於安全帽上的各種套件，讓許多車友下了車還在用無線電聊天，相當熱門。

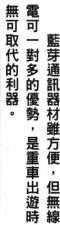

TWO 2

小電力無線電 TRANSCEIVER

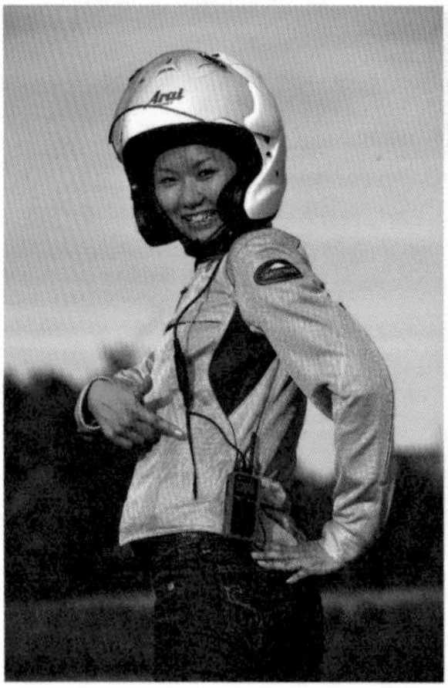

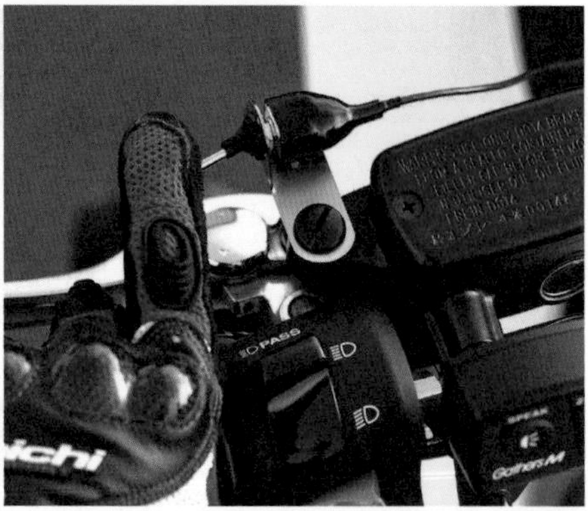

按下左邊無線電收發按鈕後即可，無線電機器通常置於腰部附近。（右圖）

多多利用摩托車專用的各種工具！（左圖）

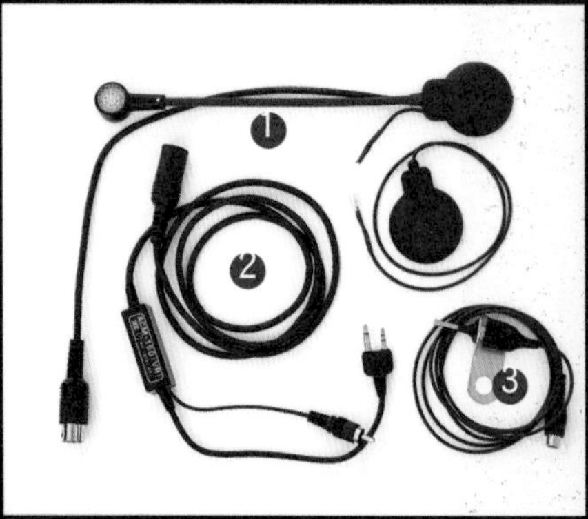

1 為摩托車專用無線電接收器。
手持無線電用連接線

2 為無線電連接線。

3 洞洞鐵固定式 PTT 開關連接線
為 PTT 開關，這三項都很重要。

THREE 3

衛星導航系統 NAVIGATION SYSTEM

在家就能規劃出遊路線 有同型機器還能分享資訊

重車出遊最麻煩的就是走錯路，為了防範於未然，領隊務必要確保行車路線，而衛星導航系統就是最好的幫手，近來外接式記憶裝置相當流行，有助於預先規劃騎乘路線，把記憶體中的資料轉移到衛星導航器材上後就能順利使用了。

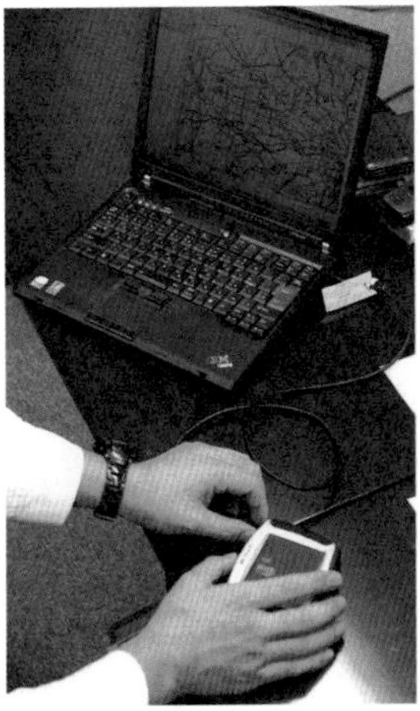

摩托車專用 衛星導航系統

大型重機用的衛星導航系統為了應對多變的天氣與路況，在防水抗震功能自然是相當優秀，而且還可對應大型重機路權規畫適當的旅遊路線以及急彎、髮夾彎等危險路段警示，避免騎錯道路或發生意外，更快到達目的地。

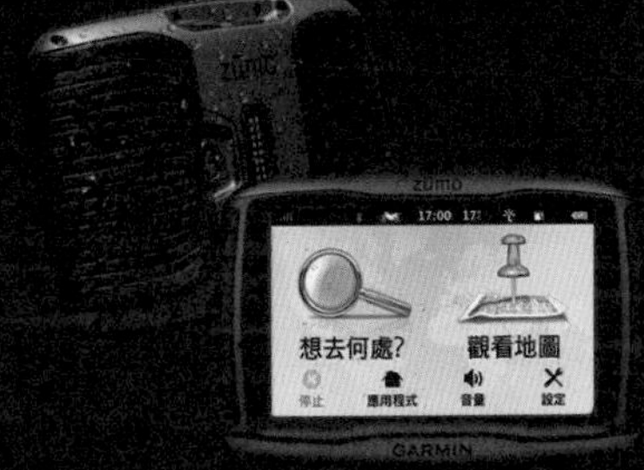

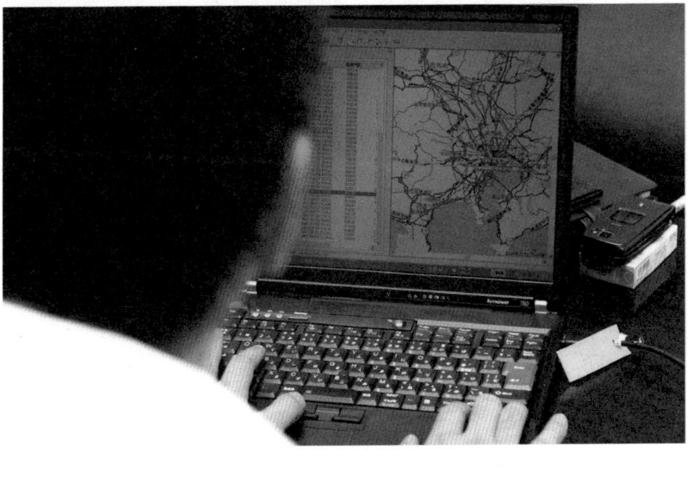

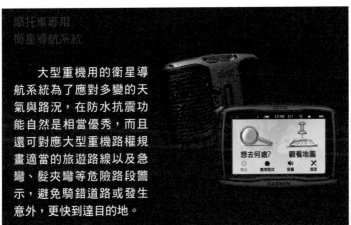

FOUR 4 行車記錄器 ON BOARD CAMERA

HD畫質 紀錄下美好時光

行車記錄器是讓和友人出遊時增加樂趣的道具，可記錄下頗具臨場感的畫面，而且近來的攝影機體積都不大且防水、防塵，價格也不貴，入門相當簡單，最近還流行高畫質機型，用電視看更是一種享受。

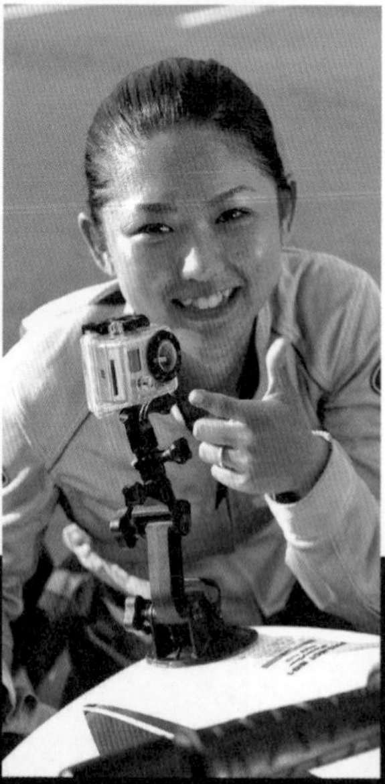

GO PRO的HERO5 Black可拍攝4K影片，且具備語音控制與影片穩定功能，可收錄許多騎乘時的景色，還能記錄下車友的身影。

FIVE 5

攝影時點記錄 GPS

記錄下數位相機的拍照地點

保留下與車友出遊的共同回憶，GPS 的時地記錄功能是不可或缺的。早期曾有廠商推出 GPS 攝影時點衛星接收器，搭配地圖軟體可以將騎乘路線與沿途拍攝的照片整合在地圖上，讓回憶不失色。

現在這項功能也有整合到隨身數位相機上，照片檔案會記錄下經緯度座標，當你將照片上傳 google 相簿時就可以利用 GPS 定位功能，原本從地圖上無法辨識的人文風土，這下都能一一辨識出來了。

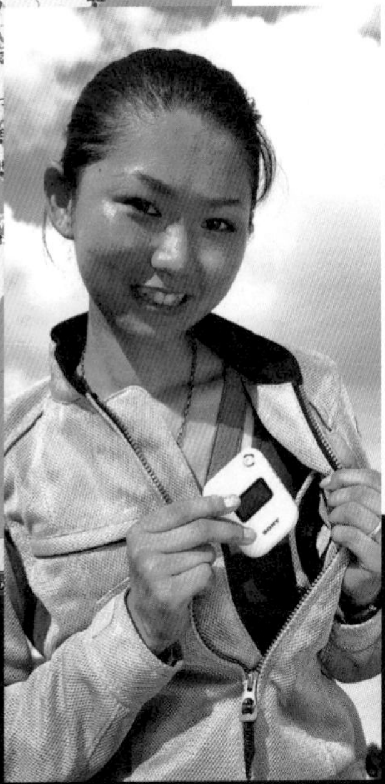

早期 SONY 曾經推出 GPS 攝影時點記錄器，不用電腦就能將位置情報寫入記憶卡中，搭配附屬軟體可將攝影地點顯示在 Google Map 或 Google Earth 上；目前在數位相機上也能看到這項功能，有興趣的讀者可以研究看看。

找朋友、教朋友的好去處

快來加入重車出遊團吧！

本期特輯是介紹重車出遊的方法和樂趣，想必大多數車友對重車出遊應該有所了解，究竟要參加什麼樣的重車出遊團呢？

現在就為大家介紹找尋出遊團的方法！

找重車出遊團
先從基本開始，
接著就是實踐了！

現在想相約公司同事或是和大學時代的朋友一同出遊其實已經很難了，找出遊同伴最快的就是從車店開始找，另外就是找一些車主團、社群團體，進入這些團體後通常都能很快找到同伴。

如果還是沒有這樣的機會，建議可上網路找找相似的同好，自己募集團員也是一種方式，總而言之多試試吧。

ONE 1
活用網路資源

多利用網站與FB
立刻就能找到同好

要找到有著相同興趣的朋友，最方便也最快速的方式就是上網尋找，在網站中可以找到符合興趣的活動資訊、和有著相同興趣的人對話，共享各種重機情報，交換騎乘意見，在某些比較活躍的討論版面甚至有數百位車手藏身其中，也會舉辦各種活動，過去舉辦的活動也可以在這些網站中找到，和網路上的車友對話，可以了解什麼樣的活動比較適合自己參加。

在剛加入成為論壇會員或粉絲社團成員之後，畢竟其中大多是自己沒見過也不知其個性的朋友，一開始應該積極地留言進行情報交流是有必要性的。這裡介紹一些台灣的網路資源，讀者可以當作參考。

摩托車資訊網
http://www.motorworld.com.

國內老牌二輪雜誌《摩托車雜誌》與《流行騎士》的官方網站，讀者除了可以在此找到許多二輪技巧新知外，也可透過相關活動報導尋找適合自己參加的活動。

流行騎士粉絲頁

https://www.facebook.com/TopRiderOfficial/

國內老牌重機雜誌《流行騎士》的粉絲專頁，提供即時的二輪新知、活動現場直播與精采報導，讀者可透過活動報導的連結或留言詢問取得相關資訊。

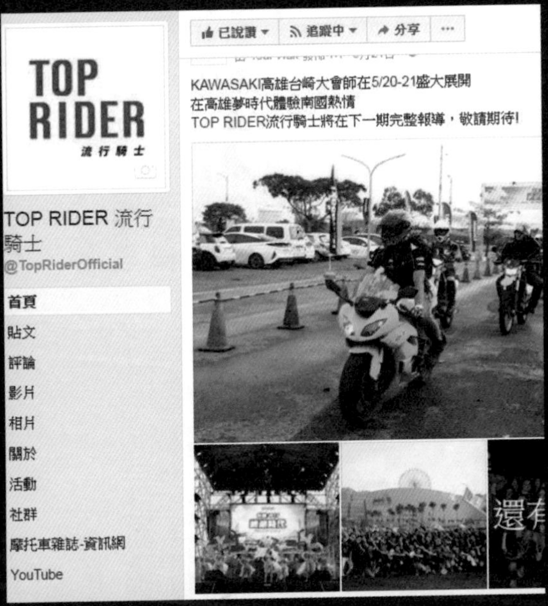

TWO 2

參加車店主辦的會師活動

投注全車店心力的大會師企劃活動

有不少的車店為了提高車友對重車的興趣，大多會舉辦會師的活動。

常舉辦會師活動的車店，工作人員和常客車友都對重車出遊有著許多的經驗，所以參加這家車店舉辦的出遊活動也較能放心。定期前往購車的店家或車廠特約店，確認是否有會師的活動。

先在車店和店家與其他車友認識，比起突然就參加活動心情會來得更輕鬆些。

台崎重車

台灣正式開放重車進口後，身為國內機車製造業龍頭的光陽工業於 02 年正式取得 KAWASAKI 台灣總代理權，全台擁有 40 間銷售據點的台崎，會舉辦各區域的小型會師活動，也會聯合舉辦大型會師活動。

相關情報可從官網取得。
http://www.tw-kawasaki.com/kawasaki/

Ducati 杜卡迪

　　碩文是台灣杜卡迪的總代理，每年一度的大會師活動，被稱為紅色閃電的年度盛事。

　　每年的會師活動都有如一場熱鬧的嘉年華會，每每都給杜卡迪車主留下難忘的回憶，也讓人感受到碩文對車主的重視。

http://www.ducati.com.tw/

榮秋重機

台灣最大的重機貿易商—榮秋重機，除了用心經營本業之外，更注重對車友的服務與需求，定期舉辦的會師活動，更是體貼與關懷車友的最佳表現，如榮秋所秉持「安心、安全、樂趣體驗」的宗旨，榮秋不愧是車友的另一個家。

http://www.j-motors.com.tw/index.php

個性化的社團版面

只要我喜歡 有什麼不可以

除了前面介紹比較官方的網站及粉絲專頁外，還可以找到比較具有個性化的社團頁面，例如以女性車友為主，標榜漂亮帥氣的女騎士，騎車的女生最美的「重車地平線女騎士」。

還還有以 SUZUKI 的 R 系列車為主要訴求的「阿魯軍團」，個自也都有重車出遊的活動，有興趣的朋友也可以當作參考。

重車地平線女騎士

http://www.moto-lines.com.tw/forum.php?mod=forumdisplay&fid=78

https://www.facebook.com/%E9%87%8D%E8%BB%8A%E5%9C%B0%E5%B9%B3%E7%B7%9A%E5%A5%B3%E9%A8%8E%E5%A3%AB-178756495492245/

「重車地平線」下的分頁版塊與 FB 粉絲團，以女性車友為主的社團，女性車友或許可以先從這裡了解重車的世界。

鈴木阿魯軍團

http://motocity.com.tw/gp1/viewforum.php?f=75
https://www.facebook.com/groups/353381674746141/

「重車論壇」下的分頁版塊，以 SUZUKI 的 R 系列車車友為主要訴求的版塊，雖說設定在單一廠牌上，但人數也頗為可觀。

Chapter 3

專為機車騎士所設計
簡單運動&生活妙招

騎乘疲勞消除保健大全

雄偉壯闊的山岳深邃奇幻的海洋，
湛藍的天空與和和煦的陽光，
長途旅程就是如此令人振奮。
隨著油門的收闔和速度的下降…
旅途的疲累一股腦地向著身上侵襲而來，
本期就為大家獻上輕鬆解決疲累感的方法。

SHOEI
ROUGH
R1200

騎乘時最容易感到疲累的部位

腰部

腰痛的最大主因
來自於理想的騎乘姿勢
說來或許非常諷刺
不過腰痛確實是
騎士無法擺脫的宿命

一起用簡單的運動來
增添騎乘樂趣吧！

體能教練
山本健一

本業是體適能指導和體操教練，但非常喜歡旅遊。到大阪的距離，基本上都是一天來回！

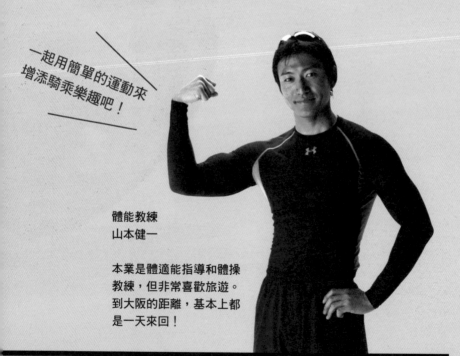

手腕

在理想的騎乘姿勢下
手腕按理說該是
最不該感到疲累的部位
卻會因為其他部位的疲累
而使得手腕也間接受害

肩膀

肩膀和手腕的疼痛
可說是同氣相連
當手腕
會感到疼痛的同時
肩膀的疲累
也將隨之而來

腿部

令人感到意外的疼痛部位
騎乘上動作最小的部位就是腿
但腿之所以會感到疲累
也正好來自於
「運動量低」

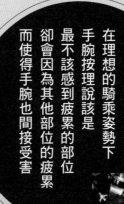

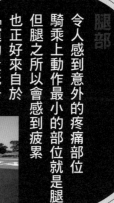

解決騎乘時容易發生的各種狀況

輕鬆讓騎乘享受大不同

針對騎乘疲勞問題進行整體的彙整，並請來專業體適能教練來針對問題設計出一套簡單的運動和注意事項，就此遠離長距離騎乘的疲累感！

騎士常見問題 一

Q 如何消除旅途中的腰痛？

T先生（56歲男性）

案例 年過五十歲，每天騎車在家和工作地點來回，假日則是出遊，每天都過著快樂的機車生活。雖然非常喜歡長途旅行，但騎乘距離只要超過一百公里就會腰痛，而且這疼痛會一直持續到隔天。這腰痛的症狀是否有方法能處理？

解決方式請見→
解決腰痛的煩惱

騎士常見問題 二

Q 旅途中手腕和肩膀會感到異常疲勞，是因為腕力不足的關係嗎？

N先生（50歲男性）

案例 一眼就愛上了ZX-12R，從四十歲起就開始了機車生活，但不知怎地每次在旅途中，總會感到手腕和肩膀產生強烈的疲累感。身體並沒有感到疲累，這表示我的手腕欠操是嗎？

解決方式請見→
消除手腕和肩膀的疲累感

騎士常見問題 三

Q 旅遊途中突然感到腿軟而無法騎乘，有何改善良方？

N先生（48歲男性）

案例 機車騎乘經驗已有三十年，但最近在旅遊中常感到腳特別疲累。有時因為這個原因而打壞了整個出遊的心情。有人說是在休息時間運動不夠充分，除此之外是否有什麼根本的解決之道？

解決方式請見→
消除腿部的勞累

騎士常見問題 四

Q 為了能有愉快的旅遊，平日該注意一些什麼事情？

S小姐（42歲女性）

案例 騎機車有五年的時間，說來並不算太長，不過希望未來能有更愉快的旅遊。我指的並不是騎乘技術，而是為了實踐舒暢的出遊。請告知在日常生活中能夠調整體能的方法。

解決方式請見→

調養體適能的重要性

騎士常見問題 五

Q 我對腰痛方面特別在意，有何具體的改善方法？

Y先生（45歲男性）

案例 去年曾經閃到腰，現在一直以戒慎恐懼的心情在騎車，到了一定的年齡是不是真的就得放棄某些事情呢？還是說有什麼好的改善方法？

解決方式請見→

改善腰痛的具體方法

騎士常見問題 六

Q 要如何處置慢性膝蓋和手腕的疼痛？

S先生（52歲男性）

案例 以前只有在騎乘時會感到痛，但最近連下車時，膝蓋和手腕都會感到疼痛，有什麼好的對應方法嗎？

解決方式請見→

消除膝蓋和手腕的疼痛

騎士常見問題 七

Q 用餐後騎乘會很想睡，有沒有什麼改善的方法？

S先生（55歲男性）

案例 對我而言旅遊的樂趣之一就是「旅遊目標地的飲食」，但用餐後的騎乘卻必須和睡魔抗戰，請問是否有專位機車騎士設計的飲食配方？

解決方式請見→

去除用餐後的睡意和疲累

騎士常見問題 八

Q 因為老化的關係，身體很容易累，有沒有簡單的解決之道？

W先生（45歲男性）

案例 機車的性能日新月異地不斷進化，但我的身體卻逐漸老化，體力上已經感到漸漸無法負荷騎車出遊。為了未來能有更快樂的機車生活，有沒有什麼方法可以解決這個體力不足的問題？

解決方式請見→

抑制身體老化的方法

騎士常見問題 九

Q 年過四十歲，腕力衰退得特別嚴重，是否有較佳的對策？

K先生（40歲男性）

案例 大概是因為年過四十歲的關係，騎上車後就感覺到自己的力量漸漸在衰退。是否有可以在家中就可以做的運動能改善這種狀況？

解決方式請見→

減緩體力衰退的方法

騎士常見問題 十

Q 每次在騎乘時都會軟腳，這是什麼原因呢？

K先生（50歲男性）

案例 從高中就一直騎車到現在，最近幾年，或許是腳和腰疲累的關係，常突然軟腳。看來似乎不像是有什麼病痛，是否有何改善的好方法？

解決方式請見→

加強下半身肌力的方法

騎士常見問題 十一

Q 請問針對出遊時，飲食需要注意些什麼？

K先生（55歲男性）

案例 在旅途終點的飲食可說是出遊最大的樂趣，休息時在休息站等地方所吃的東西，考慮到健康和行車安全，是不是有需要做一些調整？是否可提供一些調整的重點。

解決方式請見→

出遊時的效率式飲食

騎士常見問題 十二

Q 請問有什麼方法可以消除出遊隔天的疲累感？

N先生（50歲男性）

案例 或許是因為年紀的關係吧，出遊隔天的疲累感一直搞得我非常痛苦。是否有即使頻繁地騎車出遊，也不會對普通生活帶來困擾的輕鬆恢復體力的方法。

解決方式請見→

消除出遊隔天的疲累感！

POINT 1

解決腰痛的煩惱

腰痛的根源來自騎乘姿勢

一針見血地說，腰痛是機車騎士無法避免的宿命！當然也不能因為這樣就認命，簡單的運動就能讓你的腰部更輕盈！

思考對策前 先瞭解腰痛的原因

我非常喜歡旅遊，即使是前往九州旅遊，也都是二天一夜結束行程的長途騎乘派，不過之所以能讓我這麼做並不是因為我的身體勇壯，而是因為工作的關係，讓我擁有調整體適能的知識。只要稍稍用點心再加上運動，就能成就一副適合運動的身體，本期就將一次把這些方法都告訴大家。

這次就以山本教練的經驗，提出解決腰痛的建議。

首先希望大家能瞭解腰痛發生的原因。當騎士跨上機車後，就會變成像右下圖般弓著背的前傾姿勢，不過其實這姿勢對腰一點都不好(左下圖是對腰比較好的姿勢)，人體在面對最小限度的緊張狀態時有所謂平衡姿勢（也就是較輕鬆的姿勢）。

平時我們能很自然地做出這樣的姿勢，不過跨上機車後的姿勢，完全說不上是自然的姿勢，因為背肌經常杵在緊張的狀態下，會引發腰痛絕對是無可避免。

另外，因為長時間持續相同姿勢的關係，也讓身體負荷集中在腰部，這就是造成局部疲勞的原因。因為機車大多以前傾的姿勢來騎乘，所以說機車騎士和腰痛可說是處在焦不離孟，孟不離焦的狀態。

說到有什麼樣的對策，山本教

練建議，既然無法避免疲勞產生，那就專注在調整體能上。每天做一點肌肉的伸展運動和溫和的強化運動，慢慢地改善身體的狀態，應該就不會常常動不動就感到腰痛。

動作非常簡單，也不需要什麼特別的道具，只要持續地運動，你也會有能輕鬆面對長途旅程的強健體魄！

其實在騎乘姿勢中隱藏了腰痛的根源

背部就像已上勾的釣竿般弓起的姿勢，對背肌和背骨都有著極大的刺激，這刺激長時間持續，肌肉就會陷入缺氧狀態，並產生僵硬和疼痛。

處理腰痛的對策就是每天進行持續腰部伸展運動，溫和地讓強化腰部肌肉。

對腰比較好的騎乘姿勢

挺直腰桿能減輕對背肌和背骨的負擔，但這樣在高速騎乘時會承受更大的風壓，應該沒有很多車種能讓騎士維持這樣的姿勢騎乘，所以說腰痛對機車騎士而言是無法避免的宿命。

TRAINING MENU

一天只要三分鐘
簡單伸展操姿勢

腰部強化課程

以下是針對腰痛所做的簡單運動，重點再於一秒鐘一個動作並保持正確的姿勢，另外不要停止呼吸。

在出遊的一個星期前開始進行，會有極大的效果（如過能每天做更好）。

提臀運動

臉向上仰躺，膝蓋弓起，這時要注意邀必須貼著地面，手心向上。

腰出力並上提，讓膝蓋、腰和背骨成一直線，每做 20 次，休息 15 秒，共做 3 回。

腹部沒出力的錯誤示範

姿勢雖然沒問題，但腹部沒出力的話效果就會減低。所有的體操都是要縮小腹進行。

椅子上的伸展運動

雙腳張開坐在椅子的前緣並踮起腳尖，背肌就像跨上機車時那樣微微弓起，記得要縮小腹。

椅子靜止不動，縮小腹上半身彎下，這時能感覺到腰部的緊張感。每做 20 次，休息 15 秒，共做 3 回。

弓背運動

臉朝前方俯臥，手腳成大自行張開，是一種強度稍高的運動。這樣的姿勢會感到疼痛的人，請從提臀運動開始進行。

手腳離開地板，腰和臀部出力，但要注意脖子和肩膀都不出力。每做 20 次，休息 15 秒，共做 3 回。

在體力上略感不適時就以單邊交替伸展

雖然不痛卻稍稍感到不適時，就不用雙手雙腳都舉起來，可以像圖中般只舉右手和左腳（左手和右腳）。
單邊各做 15 次，連續做 3 回。

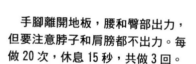

在日常生活中也要注意腰部保健！

立姿

挺胸縮小腹，以指尖為重心站立，或許會感到些許不適，不這樣的站姿對腰是最好的。

坐姿

縮小腹，腰微微向內弓，淺淺地坐在椅子的前緣。可以減輕腰痛更能強化背肌。

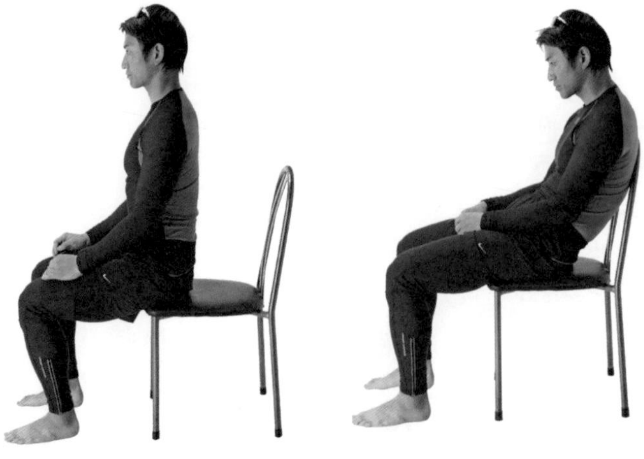

STRECHING MENU

腰部保健課程

腰部過為僵硬只會讓疲勞持續囤積，以伸展運動來增加腰部的柔軟度，讓疲勞得以恢復。

這些運動最好能在剛洗好早身體還很暖和的時候進行。

椅子上的伸展運動

恢復疲勞最有效果的就是扭腰伸展運動。持續呼吸約 30 秒進行伸展，確實把腰扭開來。

椅子上的弓背運動

和騎機車時的姿勢相反，利用椅背來反拉背肌。持續呼吸約 30 秒進行伸展，把背肌伸展開。

POINT 2

消除手腕和肩膀的疲累感

關鍵不在腕力 而在腹肌的力量

在長時間騎乘之後，常會感到手腕和肩膀特別疲勞。其實這並不是因為腕力不夠，而是沒注意到腰的使力。

騎乘姿勢重點在腹部 手腕的疼痛靠腹肌消解

騎乘前傾度較大的機車會讓手腕和肩膀有強烈的疲累感，山本教練也很喜歡長途旅遊，但以經驗和身為教練的觀點來看，這疼痛的原因並不是腕力或手腕的耐久力的問題，主因是在「腹部」。比照下方圖片，左圖上的背肌是挺直的，上半身的重量置於手腕上。而右圖坐的位置和左圖並無不同，但腹部有出力，縮小腹並以腹肌來支撐上半身的重量，手只是輕輕放在握把上，上半身的重量也沒有加諸於手腕上。請實際做做看以下圖片上的姿勢，腹部施力時是右圖；沒施力時則是左圖，實際做做看一定馬上就能感覺得出來。

基本上手腕並不像腳那樣，能在長時間下承受較重的負荷，如果習慣了腹部不出力，只用手腕來支撐上半身重量的姿勢，出遊時就會很容易感到疲累。

為了掌握以腹肌來支撐上半身的感覺，並不是要突然進行肌肉的伸展運動，重點是要讓腹部的感覺變高。首先從牆面運動和騎士骨盤體操開始進行，使自己能下意識地讓腹部出力。然後在保持這樣的感覺下進行提臀運動，強化腹部的內側肌肉，最後再進行上腹運動，完成更強健的騎士型腹肌。雖然都是很基本的訓練方式，但只要能以腹肌來支撐上半身的身體，就能有效消除旅途中手腕疼痛的狀況。

親身體會腹部施力與否帶來對手腕負擔的不同感受

腹部施力的狀態

腹部只要施力，上半身的重量就會分散，能減輕手腕的負擔。

腹部沒施力的狀態

以手腕支撐上半身的狀態。腹部沒有出力，體重完全轉移到手腕上。

TRAINING MENU

一天只要三分鐘
簡單伸展操姿勢

腹肌強化課程

由於機車騎士必須以腹肌來支撐上半身，所以把力量灌入腹肌的感覺是非常重要的。為抓住這個感覺先進行牆面運動和騎士骨盤體操，接下來則是強化腹肌肌力的提臀運動和上腹運動。雖說是要進行腹肌的強化，但也不是一口氣地一直集中腹肌的肌肉運動，只要照著以下一～四的順序去做，就能得到很好的效果。

腹肌來支撐
上半身的身體
能有效消除
旅途手腕疼痛

課程的各項目都已明列順序，只要照著順序去做，就能提高腹部的感覺，並獲得騎士型肌肉。出遊前一星期開始進行，就能感覺到顯著的效果。

〔1〕牆面運動

將臀部、肩頬骨和後腦勺貼著牆面，練習「去除」腰和牆面之間的間隙。臀部出力並一面吐氣，腹部就會下凹，腰間就會和牆面貼合。

〔 2 〕騎士骨盤體操

以高半蹲的姿勢來移動骨盤，要訣是回腰時（右）背肌出力，出腰時（左）臀部出力，一面吐氣一面做動作，很容易就能掌握腹肌出力的感覺。

你是否做了不適合自己的腹肌運動

膝蓋伸直的腹肌運動，主要運動到的是股關節的肌肉，對腹肌的效果非常少，但對腰的負擔非常大，會成為腰痛的誘因，雖然不能說完全沒有效果，但運動時還是要多加注意。

〔 3 〕提臀運動

以手肘和腳尖來支撐身體，這個運動最重要的並非單純做到樣子就好，最重要的是要以這樣的姿勢，並以 1 － 2 的感覺來「腹肌用力」進行實踐。每回 15 秒，進行 2 次（休息 5 秒）。

腹部沒有出力的錯誤示範

腹部沒出力、腰反弓，變成已腕力和背肌來支撐身體，這樣的錯誤姿勢會有引發腰痛的可能性。

NG

希望能增加更多負荷的時候

要增加負荷，就像左圖般把手放在耳朵兩側，不過千萬不要像右圖般雙手撐在頭的後腦的位置。這樣很容易造成得脖子過度彎曲而疼痛。

〔4〕上腹運動

腳置於椅子上，手腕交叉在胸前，頭稍稍上提，這就是上腹運動的準備動作，要注意的是動作中不要停止呼吸。

一邊吐氣，一邊弓起上身，視線向著肚臍，注意腳不要因為反作用力而有所動作。每回 15 次，進行 3 回（休息 20 秒）。

POINT 3

消除大腿的勞累

健走是最方便有效的訓練

機車是所謂的代步工具，所以騎車想當然而就是取代走路，腳當然就不會因為騎車而疼痛，如果你是這麼想就錯了。

最重要的是體力和身體動作

和機車騎乘有著息息相關的身體要素，就是「體力是否能支撐」和「是否能做出適合操控的身體動作」這兩點。

這次的問題是以騎乘中的疲累感為主，但也說到是騎乘操控的影響，所以有必要將這兩種狀況一次做個整理。

首先提到體力是否能支撐這一點，騎士必須保持固定姿勢這一點，對肌肉來說就已經是個非常強大的刺激，尤其是下半身受到重力的影響，血液循環容易滯塞，也就是說囤積了許多乳酸等容易感到疲勞的物質，這些就是造成疲累的原因。

接下來則是適合操控的身體動作，這主要是指重心移動（例如在轉彎時，將體重置放在一邊的腳踏上），如果腳感到疲累，就沒辦法做到完美的腳踏動作。

這根本的解決之道就是提高支撐長時間騎乘的「腳的耐肌力」。所謂「腳的耐肌力」就是支撐長時間以一定姿勢騎乘的肌力，只要有在日常生活中足夠支撐走路的力量，應該就擁有機車騎乘所需要的腳的耐肌力。

不過在現代的生活中許多人都很少長時間走路，腳都幾乎衰弱化。尤其是四十歲以上的人，肌力開始急遽下滑，可千萬別說反正能生活就不會有問題。

身為一名機車騎士還應要擁有一副能配合機車性能的體力，希望能有快樂的出遊，一定要在日常生活中做適度的運動才行。

下車的片刻
腳是否感到疲累？

在快速道路等長時間騎乘後，是否有過在無意中腳碰到地面，膝蓋突然支撐不住身體和車子的重量？這或許是肌力不足所帶來的影響。

即使在騎乘中
腳也確實有負荷

過彎或是在狹路上迴轉，重心移動正是機車騎乘的基本動作。這重心移動的動作就是以下半身（腳與腰）為中心來進行的，負荷當然也不小。

TRAINING MENU

一天只要三分鐘 簡單伸展操姿勢

下半身強化課程

這次的課程對身體造成的負擔較大，一次只要隨意選擇以下其中兩項進行就可以。在出遊一星期前開始進行，應該就能明顯地感受身體的變化。

積極地
進行身體調養
非常重要

這次的鍛鍊的課程是身為旅遊狂的山本教練，據自身經驗而設計的肌肉訓練法，平常有出遊習慣的騎士最好都能試試看。只要每天照著規定次數進行其中兩項鍛鍊，就能確實地強化肌力。

另外，動作請緩慢且順暢地進行（例如騎士屈膝運動，蹲下站起來之後，再蹲下的動作約兩秒），動作必須確實，不要讓姿勢亂掉。

（1）騎士蹲

一邊的腳小幅度地移開，蹲下直到手指碰到地面。動作一邊連續做 10 次，換腳重覆同樣動作，然後左右交互動作 2 回，中間都不能休息。

〔 2 〕騎士屈膝運動

首先以高半蹲的姿勢，腳跟舉起保持只以腳尖站立的狀態。之後再慢慢地落腰向下蹲並重覆這個動作。動作中臉向著正面，保持只以腳尖站立。15 次 3 回（一回間隔休息 30 秒）。

不落腰蹲下的錯誤示範

只是屈膝卻沒有落腰的動作，以這個姿勢持續運動，由於肌力還沒強化，膝蓋會感到疼痛。

〔 3 〕騎士鞠躬

雙腳張開與肩同寬，一面慢慢地屈膝，一面重覆像是鞠躬般上半身向前彎下的動作。動作要一氣呵成地進行，請注意動作中要自然地呼吸，15 次 3 回（完成一次間隔休息 30 秒）。

膝蓋伸直的錯誤示範

做出鞠躬的動作時，如果膝蓋伸直會造成腰部過度的負擔，雖然也可以算是訓練的一種，但要注意可能會引發腰痛。

最適合日常生活中進行的訓練「健步」

健步有強化腳和腰的功效，尤其是大腿施力的競走（6km/h），必定能強化騎車時需要用到的肌肉，確實鍛鍊體力。通勤等日子最好每星期能進行 3 次，每次約 30 分鐘。

STRECHING MENU

大腿伸展運動

肌肉訓練是無法立刻有成效的，在經過一段時間的練習後，自然能得到效果。

也就是說明天打算出遊的人，前一天即使照著上面的方式運動，也很難馬上得到確切的效果。在出遊時的休息時間進行大腿伸展運動，就能減輕下半身的疲累。

大腿張開落腰向下蹲，一直蹲到大腿與地面平行。在這個姿勢下大腿感受到緊蹦時，將左肩或右肩轉向前方，從腰一直扭到肩頰骨附近，要注意的是腰部位置固定，呼吸保持順暢。

左肩向前

右肩向前

POINT 4

調養重點就在日常生活中

調養體適能的重要性

前面介紹了很多肌力的訓練，但這一切還必須要以體適能為前提。就讓我們回歸原點，瞭解調養體適能的重要性。

為了自己的機車生活 務必瞭解體適能調養

前面已經做了三次為騎士們所設計的肌力訓練，這次就來說明一下為什麼必須提升騎士的體適能。

首先，無論是進行超長途的旅遊，或是在交通繁忙的路上通車上班，甚至是在必須神經緊繃的山路坡道上騎乘，當時的身體狀況和其成方式無關，必定會影響到操控。另外，騎車很容易受到外在因素的影響（風和氣溫）冬季時體溫下降，肌肉的反應速度也會隨之降低而無法騎乘，這也是事故發生的原因。也就是說機車的騎乘，原本就處在一個非常容易讓身體狀況變差的環境之下。

加上旅遊的休息途中，毫無計劃地攝取高碳水化合物、高脂肪（豬排蓋飯或拉麵）的食物，身體會進入休息狀態（想睡），也會因此使得難以集中。還在睡眠不足狀態下騎乘，是一件非常危險的事。

機車的騎乘不可或缺的是良好的身體狀況，機車的騎乘環境原本就是處在容易讓身體狀況變差的環境，有時騎士本身也會做出讓自己體能狀況變差的行動，所以積極地進行身體調養非常重要。尤其是四十歲以上的中年騎士，因為體力開始急劇地衰退更有調理體能的必要，請以左頁介紹的重點積極去運動吧。

何謂體適能調養？

飲食、睡眠、運動三者的調整達到均衡，才是所謂的身體調養，各區域其重疊部份越大，表示身體狀況調整得越好，不過這並非一朝一夕就能辦到，只能花時間去進行調養。

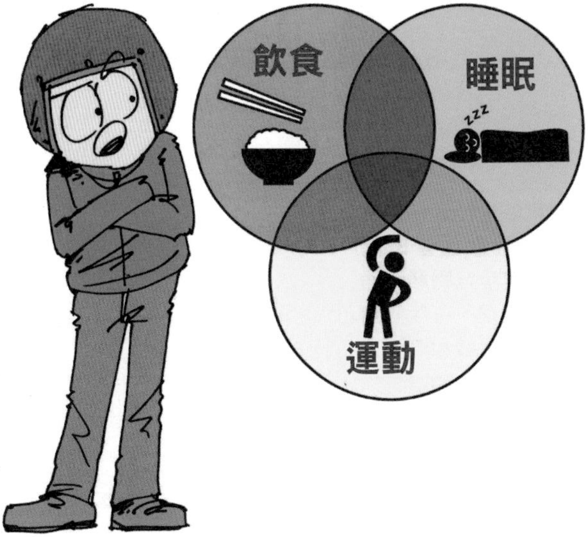

車子和身體的關連

機車是將騎士也當成車體機能的一部份的一種交通工具，騎乘者的能力、身體狀況會讓騎乘有著極大變化，每個騎乘者的技術等級各有不同，但騎士身體狀況的重要性都一樣。

對出遊最有效果的 4 大重點

在日常生活也能輕鬆進行「體適能調養」

Part 01
日常的運動

日常的身體動作就能讓身體取得適當的調養，尤其步行對騎士而言更是重要，可以提高下半身和體幹的肌力，也能提高長時間騎乘的耐久力、集中力，對精神層面有正面影響。一天至少 15 分鐘以上，速度在 6km/h 以上的健走方式前進。習慣後還可以加快速度，持續鍛鍊以走 30 分鐘為目標。

Part 02
有效果的睡眠

無論是對騎乘或是對工作，睡眠不足對生活會造成不良影響。晚上 11 點就寢、早上 6 點起床，每天最好能培養這樣規律的生活步調。尤其是晚上 11 點到深夜 2 點的這段時間，是成長激素分泌最旺盛的時間，也是睡眠的黃金時間，尤其是在只能有短時間睡眠的狀況時，在這個時間帶中一定要好好地休息。

Part 03
最適當的飲食方法

在旅遊時最需要注意的就是想睡和集中力變差，在途中如果攝取高糖高脂肪的食物（豬排蓋飯或拉麵等），不但會讓血糖值不斷攀升，也會讓內臟負擔增加，更會讓身體進入休息狀態，也會引發想睡和集中力變差的狀況。在旅遊途中若有需要進食時，務必在車隊出發前確實休息，另外，最好能準備如巧克力等含糖份的食物在途中隨時補充，能維持微空腹情況下的集中力。

Part 04
保暖和水份補給

注意體溫要保持在攝氏36度左右，但冬季在冷風的影響下體溫會下降，相反地夏季體溫容易上升，不過無論是什麼狀況，都會對集中力和運動能力造成影響。冬季為了不讓體溫下降，要注意飲食，休息時也該做做體操讓身體的血液循環流通，促進體溫升高。夏季則因為流汗量增加，身體會有過熱的感覺，因此要經常喝水，補充身體水份流失。

POINT 5

以伸展運動來紓解旅途疲累

改善腰痛的具體方法

前面已經提到過對機車騎士而言，腰痛是無法避免的宿命。但即使如此，也不能放著不管，以運動紓解疲累感，讓腰痛不再發生。

為了自己的機車生活務必瞭解體適能調養

山本教練非常能理解騎士腰痛的心情，他在高中時期也因為勉強自己做了高難度的體能訓練而閃到腰。腰痛的症狀平時看起來其實沒什麼，不過卻是一顆不知道何時會爆炸的可怕未爆彈，這是個讓日常生活陷入不安的主要因素之一。騎士因為必須承受機車本身的震動和騎乘姿勢的關係，本來腰部就要承受相當大的負擔。

人在站著的時候，背骨會保持自然彎曲（S形彎曲），而這S形彎曲構造，能讓背肌和腹肌平衡地支撐上半身，並且吸收震動。相對地騎乘的前傾姿勢，是破壞了背骨的S形彎曲而成為弓型。為了要以這姿勢支撐上半身，很容易使身體重心轉移至背肌上，而且會降低吸收衝擊的能力。加上沒有縮小腹習慣，身體無法確實支撐上半身的情況下，背肌的負荷就會更大，使得腰痛的機率大增。進行一千公里以上的長途旅遊，本來就有腰痛毛病的教練，一般只能在中途加油時稍事休息，卻能騎完全程的秘密就是，山本教練都會做預防腰痛產生的伸展運動。

如左頁，最重要的並不是在腰痛時冰敷，或是束上束腰帶這種對症療法，而是要做預防腰痛的措施。尤其年過四十後，閃到腰的機率更是激增，就算現在才開始也來得及，務必試試針對腰痛的運動。

直立原本就是人類最理想的姿勢

在正確的直立姿勢下，背骨會成 S 形彎曲，這是協助腹肌和背肌支撐上半身最理想的姿勢。大部份時間都坐在辦公桌前的人，不良的坐姿可能已經破壞了正常的姿勢，使得背和腰造成負擔。

對背和腰負擔加大的姿勢

前傾姿勢對背和腰的負擔極大，長時間騎乘會造成背肌疲勞，背肌就無法支撐上半身，並使負荷集中在背骨和韌帶，這樣很可能引發腰椎受傷。

STRECHING MENU

出遊當天能做的背～腰保健伸展運動

出發前

不要馬上就跨上車，先進行腰部伸展操。

這麼一來就能完成肌肉的準備動作，預防受傷，騎乘也能變得更平順。就算時間不夠也務必要做。

〔1〕大腿伸展運動

大腿張開落腰向下蹲，一直蹲到大腿與地面平行。在這個姿勢下大腿感受到張力時，再將腰向左右扭。左右各2～3次，一邊吐氣一邊做，腰和肩膀不要緊繃。

左肩向前

右肩向前

〔2〕上身轉體

兩腳張開與肩同寬，腰以上不要緊繃，一邊吐氣一邊將上半身向左右扭轉。這時手臂也可以隨之順勢擺動，左右各做5次，做的時候臉朝正前方。

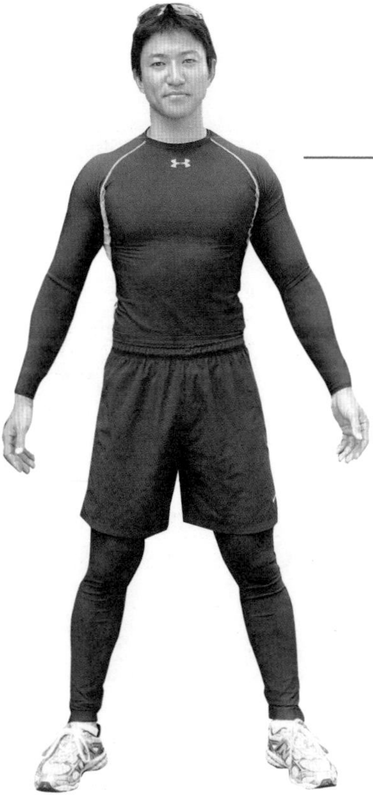

右肩伸出

左肩伸出

STRETCH MENU

旅途中的休息時間

有不少人在騎乘時即使感到很疲累，在休息時因為不感到痛就會忘記運動。

但是只要在這時做一點伸展操，就能讓旅遊感覺更舒暢，坐下休息前先照著做做看吧。

挺身運動

首先以挺身運動來鬆弛，因為騎乘而變得僵硬的肌肉，另外這裡做的挺身運動並不是為了鍛鍊，只是為了紓壓，所以只要做 10 次左右就可以了。

以挺身運動紓解上半身後，就進行拉肩和反弓背的動作。照著圖中示範去做就可以，每個動作連續進行維持 10 秒鐘，確實地把身體伸展開來，尤其是反弓背所能得到的效果最好。

STRETCH MENU

長途騎乘後

回到家或是來到住宿的飯店後可進行的伸展運動。趁入浴後身體還溫熱時把肌肉伸展開，會有非常好的效果。

想先喝杯啤酒？這動作花不了你五分鐘，務必先試試看。

扭腰

肩膀和腰不出力然後扭腰，左右各做 30 秒。這是要停止呼吸的伸展運動，做之前先確實吐一口氣。

腰腿伸展運動

雖然是個極其常見的伸展運動，但這動作能讓僵硬的腰和大腿內側確實伸展，每次進行約30秒。另外，大腿內側過於僵硬很容易引發腰痛。

POINT 6

騎士常忽略的疼痛

消除膝蓋和手腕的疼痛

手腕和膝蓋的疼痛也是常有的，但和腰痛一比感覺又算不了什麼，不能因此而忽略了保養，在日常生活中也能持續地進行。

手腕和膝蓋是負擔最多的部位

腰和脖子周圍，在平常的日常生活中很容易感到疼痛，疼痛加劇就會覺得越痛苦，這或許是大家常常知道要去保養的部位。而這次所提到的手腕和膝蓋，對機車騎士而言，這些部位的疼痛和腰痛根本是沒得比，所以很多人都沒去用心保養。或許在不久之後就會有不少人因為慢性肌腱炎和膝蓋疼痛而大傷腦筋。其實造成手腕和膝蓋疼痛的最大原因有兩個。第一個原因是在騎乘中，手腕和膝蓋長時間持續承受著極小的負荷（體重的負重、車子的負重、車子傳來的振動等等）這些小小的負荷不斷累積，使得肌肉和韌帶長時間緊繃，該部位的血液循環變差而開始囤積疲勞和疼痛的物質，長時間持續下來，會引起發炎，之後變成疼痛。

而第二個原因則是長時間保持不適合人體的姿勢（關節角度不變），長時間持續下去，就和前一個原因般在一段時間後就會演變成疼痛。這些疼痛和腰痛比較起來簡直就是小巫見大巫，所以即使在騎乘時有發現，大多數人在下了車之後就立刻把這些疼痛拋諸腦後。為了不讓它變成慢性化病痛的根源，每天持續保養尤其重要，而這保養的重心，依然還是伸展運動。進行伸展運動的頻度不是一天一次，而是在出遊等紅綠燈或休息的時候，總之要頻繁且持續地進行。另外在日常生活中，也可以一邊看電視一邊做，重點就在於多做不間斷。

膝蓋保持相同姿勢進行長時間保養

不管是什麼樣的騎乘姿勢，膝蓋都是處在彎曲且緊繃的狀態下，因此非常容易囤積肉體的疲勞。

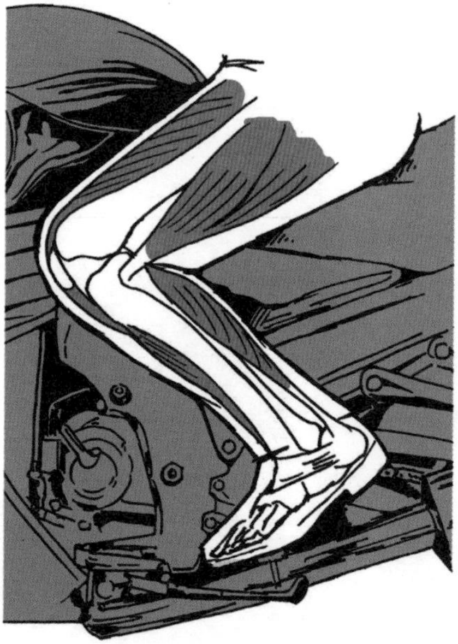

長時間騎乘時注意握車把的方式

雖然說長時間維持相同姿勢也是疼痛的原因，但騎乘時只要感到累，就會變成以手腕支撐體重的姿勢，尤其是在疲累時，要注意要由上方蓋住般地握車把。

STRETCH MENU

手腕和膝蓋的簡單保養

手腕篇

手腕是個能往各個方向轉動的關節，也因此構造非常複雜，只要產生一次疼痛就很難治得好，在疼痛產生初期就要確實地去做，這一點非常重要。

在外開始感到疼痛 彈性繃帶效果最佳

對已經引發慢性疼痛的人而言，在外感到疼痛時建議使用彈性繃帶舒緩不適。雖然不可能治好，但可以抑制疼痛。彈性繃帶可以在藥房買到，建議使用寬五公分的彈性繃帶。

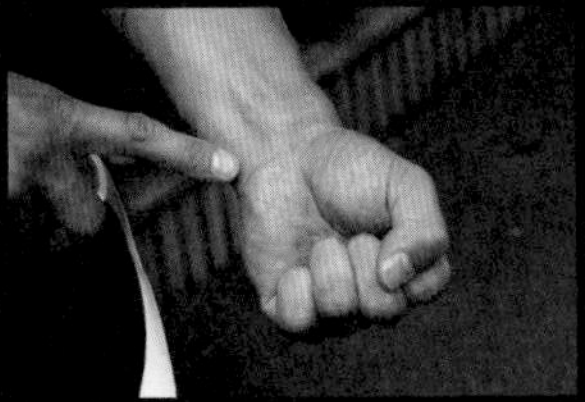

1. 盡量從靠近手掌部份的手腕開始捲。

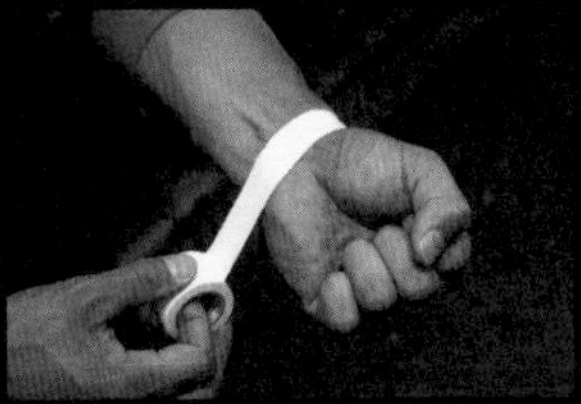

2. 如圖中示範般開始捲，重點是捲的時候稍稍用力握拳。

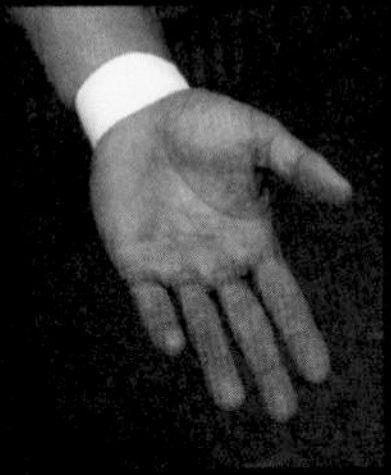

3. 捲個兩圈左右就完成，這時要以不阻礙血液流動的強度來捲。

手腕伸展運動的種類不多，其中手指伸展運動最值得推薦。將其中一隻手伸直，手腕轉向上方，用另一隻手拉動每一根手指慢慢伸展。肌肉就能得到極佳的伸展，也可以慢慢地加強力道。

或許有人會認為手指一根一根地伸展太麻煩，所以將所有手指一起伸展，但逐一伸展才能確實伸展到每根手指細部的肌肉。

膝蓋篇

膝蓋關節擁有發揮強大力道的構造，雖是比較強韌的關節，但長時間保持同樣的姿勢還是容易勞累。膝關節是由大腿肌肉所延伸而成，所以大腿的伸展也很重要。

大腿與小腿伸展運動

伸展持續緊繃的大腿內側和小腿，並慢慢地讓上半身向前弓下，覺得做這姿勢很吃力的人，可以用手扶著車子，轉移上半身的重量，就能毫不勉強地完成伸展的動作。

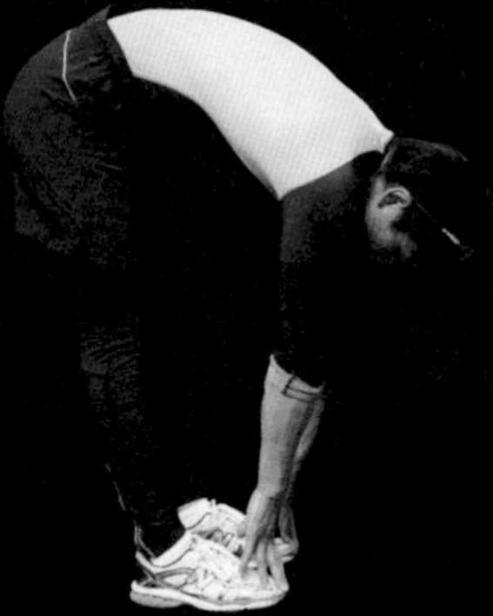

抬腿運動

有節奏地將左右關節交互舉起放下，能舒緩關節緊繃，這時除了手之外保持上半身不動，才不會給膝蓋帶來更大的負擔。

大腿伸屈運動

這是一種讓騎乘時一直保持伸展狀態的大腿得以鬆弛的伸展運動，有節奏地讓腳伸直屈起，比較沒有平衡感的人也可以扶著車子來進行。

POINT 7

消除用餐後的睡意和疲累

控制飲食攝取的熱量

手腕和出遊的目的不外乎秀麗的美景，還有令人垂涎三尺的佳餚，但出遊時一路上大吃大喝，很容易受睡魔侵襲，影響出遊樂趣。

防止睡意和疲勞 專為騎士設計的飲食術

前面介紹都是以運動身體為重點來進行解說，不過除了運動之外還有其他的行為會影響體適能。「飲食的攝取方式」考慮到機車騎士的飲食攝取，最重要的當然就是讓騎士在騎乘時保有高度的身體能力和精神能力。

因此為了不讓內臟造成負擔，儘量避免攝取大碗的蓋飯或是油脂較多的拉麵。高糖、高脂肪和高蛋白質的食物，會對身體造成負擔，讓身心都進入休息狀態，成為極端不適合騎乘的狀態。不過在出遊景點中享受美食是騎士的主要樂趣，所以當大量攝取了食物之後，至少要間隔一個小時後再開始騎乘較為適合。

另外就是要讓血糖值（血液中含有的糖份值）穩定，攝取大量的食物，血糖值的上下跳動會變得非常劇烈而引發睡意，所以攝取過量的食物，不只會讓精神力降低，也會讓身體狀況變差。所以，儘可能地讓血糖值保持穩定非常重要，因此少量多次的輕食，讓身體保持稍微空腹感是最好的狀態。實際上大約每兩個小時吃個小餅，或是一個御飯糰應該就可以維持體力了。

只要能做到前述的重點，一天要騎個一千公里應該也不是問題。只要能隨心所欲地控制體能狀況，就能保有愉悅的出遊心情。

攝取大量的食物
血糖值會急速上升

在休息處吃個如豬排飯等份量較多的食物，很容易造成血糖值上升。血糖值急速上升後，更令人擔心的是急速下降時，會有無力感和睡意侵襲而來。

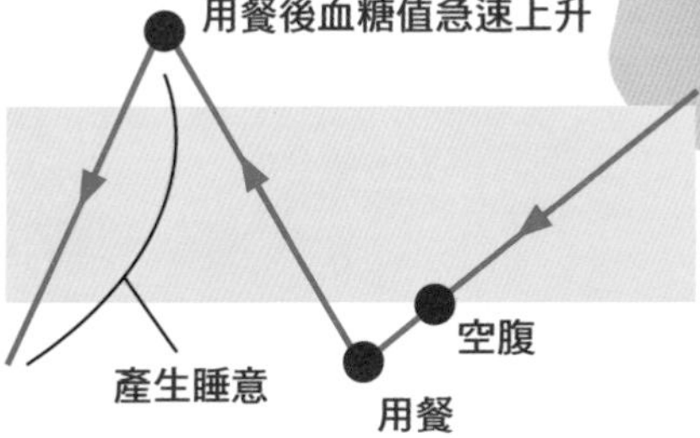

攝取少量多次的輕食
血糖值就能安定

少量補充低熱量的飲食比較容易讓血糖值穩定，只要血糖值穩定，體力和精神就能相對提高，另外數值的部份就要是個人差異上的不同而定。

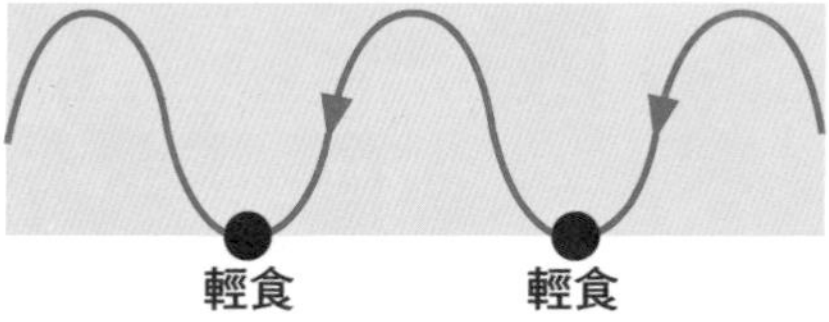

TWO DAY TOURING MENU

二天一夜的旅遊
山本式不受睡意侵襲的旅遊規劃

也能減輕疲勞！

第一天的行程

AM 5:00 早餐

以能形成熱量的碳水化合物（御飯糰、茶泡飯、三明治、水果）為主，這時盡量避免高脂肪的食物或肉類。

注意三明治的用料

三明治有時也會含有高脂肪的沙拉醬或肉類，請務必選擇以蔬菜類為主的三明治。

AM 6:00 出發

AM 9:00 休息

攝取少量蜂蜜蛋糕、糕餅或水果等較容易產生熱量的食物，休息站或是便利商店都有豐富的輕食選擇，不要「吃飽」才是進食要訣。

PM 0:00 午餐

中午休息時間最推薦的是山菜蕎麥麵或豬肉板條等，用餐後休息時間不到 2 小時的話，要避免攝取含油量高的食物。

不能吃豬排飯哦？

PM 3:00 休息

旅遊進入後半，該是腰還有肩膀等身上各處關節開始發出悲鳴的時候，這時就要確實地做一做伸展操。

PM 5:00 到達住宿處

晚餐前的體適能管理

到了住宿地點後，為了明天的騎乘，前一個晚上最好能進行調養體力。首先輕輕鬆鬆地去泡個溫泉，讓僵硬的肌肉得到溫暖，之後再針對腰和肩膀周圍做伸展運動，就能得到更有效的恢復體力的效果。

PM 7:00 晚餐

睡前通常都不會再騎車，所以就隨心所欲地大快朵頤吧。控制（忍耐）了一整天，吃起來應該感覺更佳美味可口吧。

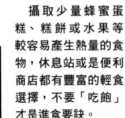

第二天的行程

AM 6:00
起床

隔天早上起床後就趕快去泡溫泉，讓身體暖和起來。這麼一來身體就能進入適合騎乘的狀態，這也算是準備運動的一種吧。

AM 7:00
早餐

因為旅館的早餐非常豪華，機會難得當然希望能吃得飽飽再上路。不過記得與出發回程之間至少要間隔一個小時。

飲食過量會造成內臟疲累

攝取高脂肪或肉類等高熱量食物，會對腸、胃、肝臟等帶來很大的負擔，另外身體必須維持一定的平衡，內臟的疲勞會波及到全身，更會加速老化。

ONE DAY TOURING MENU

當天來回的旅遊

當天來回的旅遊行程大多非常緊迫，對身心的壓力也隨之增加。最好能以簡單輕鬆的伸展操來保持最佳的體能，並積極控制飲食，維持應有的體力和精神。

AM 5:00
早餐

當天來回的旅遊都很早的關係，推薦吃一些能促進消化與吸收的食物或比較好入口的水果。可喝一些有胺基酸的運動飲料。

AM 9:00
休息

因為早餐吃得不多，建議提早進行營養的補充。攝取的還是以輕食為主，等午餐再好好吃一頓。

PM 0:00
午餐

這裡就不需要再忍耐了，好好地享用當地的美食吧。不過記得餐後必須間隔一個小時的休息時間再出發回程。

出發前休息
1個小時以上

午後的
騎乘 & 回家

餐後身體進入休息狀態體能會因此變差？

身體為了要消化攝取的食物，血流和熱量都會集中在內臟，其他的活動就會受到限制。體內環境會從活動狀態轉為休息狀態，因此運動機能也會變差。

POINT 8

健壯體魄才能擁有最佳騎乘生活

抑制身體老化的方法

年齡的增長也帶來的身體的老化，也慢慢變成一副不適合騎車的身體，為了不讓這樣的情形發生，就要讓細胞更加活化。

首先要改善血液循環 讓全身細胞得以活化

近年來機車騎士的平均年齡不斷提高，四十歲以上的騎士更是佔多數，所以這次就來為大家提出改善新陳代謝的建議。在山本教練的工作上，常常提供改善新陳代謝的建議，綜合大家的問題發現，最大原因應該是出在「身體細胞不夠活化」，造成血液循環不順暢。

血液循環只要不順暢，氧氣和營養就無法到達身體的細胞，一旦疲勞就很難恢復，當然更不用說細胞活化了，結果造成加速身體細胞的劣化（老化）。尤其是四十歲以上的人，這樣的現象更加顯著。這理由在於人類從四十歲左右開始肌肉量急遽減少，結果肌肉的幫浦作用減低，末端的血液無法回流到中心，因而變得不夠順暢。

另外如果沒有經常性的運動，末端的毛細血管會因此阻塞，營養和氧氣無法送達細胞，結果使得全身的細胞無法活性化。

為了讓這狀況不再持續，首先要讓全身的毛細血管得以復活，建構出一個血液循環順暢的身體。進行時間較長（約三十分鐘）的有氧運動（步行、跑步、游泳等）最為適當。

身體的老化使得生活品質降低，對騎士而言，身體不健康就無法繼續騎車，不希望未來將面臨的是一個無法騎機車的人生，就一定要積極地運動身體。

血液循環順暢 身體就健康

血液循環並不會自然地便流暢，而是需要運動。運動必須適可而止，千萬不要做高強度運動讓身體累趴，伴隨著適度的好心情來運動就行了。

不易感到疲累的身體 對騎乘姿勢也有幫助

全身細胞活化的健康身體，能承受長時間騎乘帶來的刺激，也能盡興地享受安全、快適的機車生活。

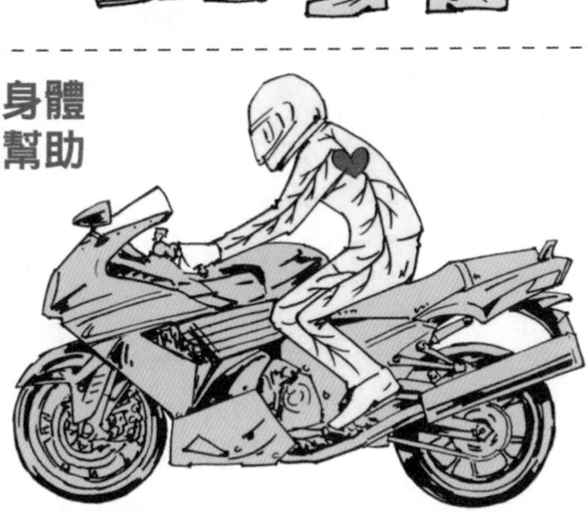

建構適合騎乘體格的兩大有氧運動

為了能繼續過著快活舒暢的機車生活，對健康的自我管理絕對不可少。先從能在日常生活中進行的有氧運動的步行和跑步開始，讓身體更加活化，絕對能讓生活品質和機車生活的品質都更加提升。

RIDER'S TRAINING MENU1

健走

以不勉強自己的運動強度為準，重點在於以能讓自己呼吸稍急促的速度來走，行進間避免說話，這樣的強度也能有效地改善血液循環。

確實地感受動作也有提升集中力的效果

步行時當右腳落在地面就喊「右」；左腳落在地面就喊「左」，聲音確實地喊出來。很快地就能屏除雜念並提高集中力。步行如果能和呼吸（吐氣和吸氣的動作）互相配合，效果會更好。

為了要讓全身細胞活化，保持 60 公分的步幅和 6km/h 的步調前進，並且持續走 30 分鐘，持續每個星期 3 次。如果只走個 5 分鐘當然也不能說沒有任何效果，但是如果希望達到想要的成果，就必須提升強度。

RIDER'S TRAINING MENU1

慢跑

強度比步行稍稍提高，對肌力強化的效果也更高，所以也比較容易受傷。完成之前的健跑訓練，擁有基本體力後再進行此項目。

強度&時間的對應

步行（6km/h）	=30 分鐘
慢跑（8km/h）	=20 分鐘
跑步（10km/h）	=15 分鐘
衝刺（20km/h）	=10 分鐘

上表是為了能讓細胞活化所做的運動時間和強度的對照表。慢跑的話以 20 分鐘為目標，運動時間是 10 分鐘的話，就應該提升到衝刺的強度，不要固定一種項目，最好能混合多種項目練習。

以重車而言就是以高檔低轉速來騎乘，呼吸會因此更加急促，不過對血液循環的改善更有效果，最重要的當然還是鞏固腰力和腳力。

機車騎士務必試試「平衡性運動」

在此順便介紹提高身體平衡機能的體操。筋力不足的話，平衡機能就會跟著顯著下滑，很難保持以極低速在公道上騎乘。左圖介紹是提高平衡機能的基本體操，務必將之納入日常體能訓練項目中。

單腳左右交替

是否能用單腳站立，提起腳跟站立維持 30 秒？恐怕大多數的人都沒辦法保持平衡吧，和兩腳的時候一樣，一天數次，每次練習保持姿勢 30 秒以上。

雙腳

兩腳張開一個拳頭寬，提起腳跟站立維持 30 秒。一天數次，一次練習試著保持姿勢 30 秒以上，一星期後就會對平衡有很大的改善。

POINT 9

減緩體力衰退的方法

持之以恆就是運動的關鍵

四十歲還是一條活龍？這是廣告上常見的用詞。真正想要當一條活龍，不能忘記要鍛鍊身體。

在體力急遽衰退前就要開始鍛鍊身體

年過四十的朋友應該不少人都有體力突然衰退的感覺。從左下圖表顯示，二十歲是體力最旺盛的時期、三十歲是穩定期，到了四十歲後體力則開始急遽衰退。其實不只是體力，代謝機能、免疫機能都一樣，如果不想出對應辦法，一些生活上的老毛病或是癌症很容易就會產生。

尤其是上半身的肌肉，在日常生活中除了打電腦或是有需要搬動重物的時候才會使用到，而這樣程度的負荷對日常生活身體或許已經足夠應付，也不會有機會感覺到體力衰退，當然也不會積極地想要去鍛鍊。相反地，經常必須站著工作或是必須四處跑業務的業務員，由於體力消耗比較大，會明顯感到腳和腰的力量正在衰退，有些人就是在有這樣的實際感受後，才覺醒是鍛鍊的時候了。

其實機車騎乘這件事，都算是非日常的動作與環境。推著超過兩百公斤的車體或是立起主車架，甚至是在快速道路上和逆風戰鬥。

其中，最需要的是在日常生活中用不到的強大腕力。如果平時沒有鍛鍊，過了四十歲依然放任體力自然衰退，慢慢地在騎車時就會產生不適感。

要繼續享受騎乘樂趣鍛練體能就是身體的投資

身體也是車子的一部份，攝取營養補給品來保養身體，或是到健身房強化肌力，都能讓未來的騎乘生活更添色彩，務必進行有效的投資。

年過40不能以「無法持續運動」為任性的藉口

要把運動納入生活中「每天都要做的事」確實不容易。但超過40這個體力會急遽衰退的年齡後，可就沒時間如此任性而為了！即使一天只有5分鐘都行，要把運動變成習慣。

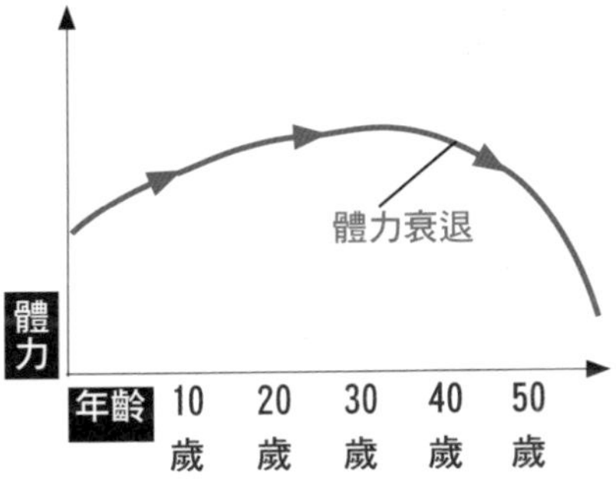

體力從40歲開始就會急遽衰退

過了30歲的穩定期後，從40歲開始體力就會急遽衰退，雖然有個人的差異，但這確實是無法抗拒的事實。越早開始鍛鍊效果就越好。

專為機車騎士設計的肌力鍛鍊【上半身篇】

說到鍛鍊身體的辦法，其實都非常簡單，不需要道具，也不需要艱難的技術，需要的只是持之以恆，想要得到騎士型的體魄現在就開始吧！

確實地感受動作也有提升集中力的效果

TRAINING MENU

背肌運動

「腰」的寫法是「肉體」加上重要的「要」，從字面上就可以明白腰的重要性。動作雖然簡單，但對腰的負荷卻不小，動作時務必小心。目標是能持續進行二十次。

先做出手腳懸空的準備姿勢，將身體反凹，動作要持續不要彈回，也必須注意不要過度閉氣。動作期間手腳都不要碰觸到地面。

如圖中所示做出兩腳併攏舉起的準備姿勢，眼睛看著自己的肚臍，進行腹肌運動時身體容易搖晃，所以必須慢慢地做。另外上身弓起時吐氣效果會更好。

TRAINING MENU

腹肌運動

腹部是個不刻意注意就鍛鍊到的部位，專注地鍛鍊就能有一副適合騎乘的標準腹肌！目標訂在能連續做二十次。

TRAINING MENU

伏地挺身

鍛鍊胸、肩、手腕的項目，對肩膀僵硬非常有效果，平常就要多做，目標是連續做二十次。

兩手腕間的距離要多大？

手的位置如圖所示般與胸同高，讓胸部能在兩手間落下。手如果碰到頭的話，會有引起肩膀痛的可能，務必注意。

重點在於肩膀、腰、膝蓋、腳踝都要伸直的姿勢，保持呼吸順暢，一個動作 2 秒左右，重點在於慢慢地動作。

這是常見的錯誤姿勢。感覺累的時候就很容易變成這樣的姿勢，無法保持正確姿勢時就直接停止不要勉強。

多利用椅子和桌子
會有出乎意料之外的效果！

標準的方式會感到吃力的話，可以利用桌子降低鍛鍊的強度。比起勉強承受較高的負荷，還不如動作順地鍛鍊來得更有實際效果。

鐵板橋是最好的
體力測定方式

只以手和腳尖支撐身體的鐵板橋，小時候應該很容易達成，能以這樣的姿勢保持 20 秒以上，就表示肌力和柔軟度都達到平衡點。必記進行時要量力而為，千萬不要勉強。

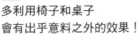

POINT 10

加強下半身肌力的方法

促進血液循環的順暢

前面已經針對上半身進行鍛鍊，想要真正成為一條活龍，下半身的鍛練更加重要，繼續活動你的身體吧！

注意肌肉量與血液循環

騎乘時會突然軟腳，其中最大的原因之一就是血液循環不夠順暢。無論騎的是什麼類型的車子，姿勢都是「坐著」。騎乘時，腳長時間位在比心臟更低的位置，所以很容易有血液循環不順暢的狀況發生。即使是在普通的生活中，腳也同樣位在心臟之下的位置，不過步行等動作能促進肌肉的活動，藉由肌肉收縮，來到末梢（腳尖）的血液較比較容易回流到心臟，這作用稱之為「擠乳作用」（milking action）。但是在騎車的時候，腳會做到的動作都非常小，所以擠乳作用很難發揮。

據研究顯示最容易隨著年齡的增長而衰退的是大腿的肌肉，如果沒有因應對策，肌肉量會慢慢減少，擠乳作用變差而造成血液循環的惡化。之所以會軟腳，就是這些原因所產生作用。另外血液循環並不是單單只有腳的問題，實際上這問題是會擴散而變成全身的症狀。所以平時就要對號稱第二心臟的腰部肌肉進行鍛鍊，改善血液的流動，出遊休息的時候做做步行、屈膝伸展等運動，讓血液循環更加順暢。最後需要注意的是，隨著年齡增長，男性激素的分泌量會減少，容易讓人變得懶散，什麼也不想做（尤其是從40歲後半起男性激素減少會更趨顯著）。肌力訓練的運動可提升男性激素的分泌量，所以習慣肌力鍛鍊是很重要的一環。

下半身肌力容易衰退 更需要確實地鍛鍊

下半身的肌肉是在日常生活中最常使用到，更是左右全身健康的部位，但也最容易隨著年齡的增長而衰退，所以必須優先鍛鍊。

要豪邁帥氣地跨上車 下半身鍛鍊非常重要

無論是上車或是下車，每個騎士都希望自己的動作能做得豪邁而且帥氣，要做到這點，臀肌、大腿四頭肌等，腳和腰的肌力不可或缺，當然要好好鍛鍊。

專為機車騎士設計的肌力鍛鍊【下半身篇】

說到鍛鍊身體的辦法，其實都非常簡單，即使是在計劃出遊前一個星期開始施行，也能確實地得到很好的效果。

TRAINING MENU

山本式抬腿運動

單腳站立維持平衡不搖晃，在將另一隻腳有節奏地向上踢，這樣能改善股關節周邊和整個大腿的血液循環，兩腳各做二十次。

以單腳來進行，也能提升維持平衡的能力。覺得不適時就不要勉強自己，手抓著欄杆等在安穩的狀態下施行也可以，重點在於身體在穩定並保持節奏。

PLUS ONE TRAINING

挑戰安穩的肌力訓練

這個運動主要是刺激使關節位置穩定的肌肉和神經，使騎乘時能保持正確姿勢。首先手掌貼地蹲下，用左手對應右腳的方式伸直與地面平行，並維持 30 秒的時間，再換另一邊，這時腹部要記住出力。兩邊交替進行，各做 30 秒。

TRAINING MENU

山本式屈膝運動

加上手臂向上揮的動作，增加負荷量的屈膝運動，另外也有促進肩膀周圍血液循環的效果，一回做二十次。

以高蹲的姿勢將手臂上舉，然後一口氣站起來，直至踮腳尖。這樣就能有效伸展下半身所有肌肉，注意身體要保持平衡，不要搖晃。

維持自然步幅，大約是60公分。加上手臂上揚的動作，最後變成踮腳尖。這個動作對膝蓋負擔比較大，本身有關節上毛病的人，務必謹慎行之。

TRAINING MENU

山本式弓箭步

弓箭步是兩腳向前後張開，不只難以取得平衡，也會增加負荷。山本式的伸展，還伴隨著手臂上揚的動作，效果加乘。兩腳各做十次。

POINT 11

出遊時的效率式飲食

旅途中務必注意飲食與休息

「民以食為天」，既然出去玩哪有不吃的道理。但吃得太飽只會增加睡意、影響騎乘。建議針對旅途中的餐點做好控制，才能感受到食物真正的美味。

騎士在旅途中必須修正的飲食觀念

在旅途終點吃到一些當地特色料理，並感受當地的風土民情，這就是旅遊的醍醐味。前面也曾提過到達旅行的目的地後，就可以隨心所欲地享受美食，不過在旅途中的餐點，建議千萬不要吃得太多。因為吃得過多會對內臟造成負擔，另外或許騎士自己沒發現，因為會讓騎士在騎乘中注意力無法集中。

不過在休息時，很容易就會吃過量，原因是在高速騎乘時，腦部會有比平時緊繃，而消耗許多熱量。說得再簡單一點，就像是看完一部長時間的電影之後，或是在辦公桌前集中注意力工作後，就會想吃一點甜食的現象一樣，結果，很容易在休息時間吃得太多。但是無論再怎麼用腦過多，也不至於一定要吃豬排飯等高熱量食物。而且這樣的飲食習慣一直持續下去，每次出遊旅一定會胖個一圈回來。

到了目的地之後還是可以隨心隨欲地享用美食，在休息時間吃得越多，只會使得飯店準備的絕頂美味餐點的魅力減半。所以必須要好好控制食量，不要一次把肚子撐飽，才能享受食物的真正美味。養成了這樣的飲食習慣之後，經由出遊也可以改變平日的飲食，讓你的人生增添更多的色彩。

難得能出來玩一趟
希望能隨心所欲地吃吃吃

機車騎士也同樣是普通人，也會覺得油脂豐厚、美味濃郁的東西非常好吃。不過這時若能堅決地忍耐一下，改吃蕎麥麵等輕食，到目的地後的用餐會有美味百倍的感覺。

用餐後的休息時間
絕對不能輕忽

用餐後立刻跨上車前進，很快就會有濃濃的睡意襲來，相信大家都有這樣的經驗。這是因為身體已經進入休息狀態的關係。用餐後至少休息 15 ～ 30 分鐘再繼續前進，會讓行程更平順，畢竟安全是第一優先考量。

旅途中休息時的用餐建議

MEAL GUIDE

米飯類

基本上指的是以米飯為中心，多配以肉類，容易讓血糖值提高，也容易在短時間得到飽足感。

豬排飯

標準的豬排飯熱量超過 900 大卡，以一餐的熱量來說實在太多了。真的這麼想吃的話，也可以找朋友一起分享，防止攝取過高的熱量。

牛肉飯

牛肉飯是一碗熱量直逼 600 大卡的高熱量食品，而且脂肪又多，因此消化時間也較長，吃飽也容易引發睡意。用餐後一定要先事休息，務必以行車安全作考量。

咖哩飯

其實咖哩飯也是高熱量高脂肪的食物，一餐熱量在 600 大卡以上，配著生菜沙拉吃能讓吸收更加穩定，血糖值較不會急速飆高。

MEAL GUIDE

麵類

麵類大多數都以小麥子製作，口感佳，可說是不可或缺的餐飲，也容易獲得飽足感。

叉燒麵

拉麵屬於高熱量且高脂肪的食物，有些人還會另外配一碗飯，另外也很容易吃得很快，必須細嚼慢嚥才不會對內臟造成負擔。

蕎麥麵

清湯蕎麥麵大約是 350 大卡，炸綜合蔬菜蕎麥麵則是 500 大卡以上，配料不同熱量也會有所差別。不過休息時間最推薦還是蕎麥麵，海帶蕎麥麵等就是最完美又健康的最佳選擇。

炒麵

熱量因配料有所不同，但以標準來說一盤熱量大多在 500 大卡以上。食用的重點是不要吃太快，細嚼慢嚥才能幫助消化，也是備受推薦的休息時餐點。

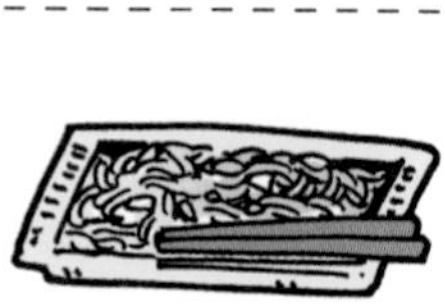

這是在旅途中休息時間用餐的建議表，
就算建議吃得再少還是得吃，
只要掌握一些飲食特徵就能有效地吃飽。

一個不留神就吃掉這些輕食 OK 嗎？

便利超商等地方賣的輕食種類繁多，只要巧妙地選擇也能當做休息時的餐點。

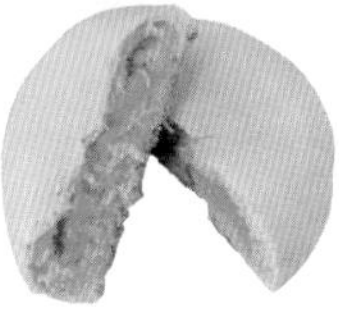

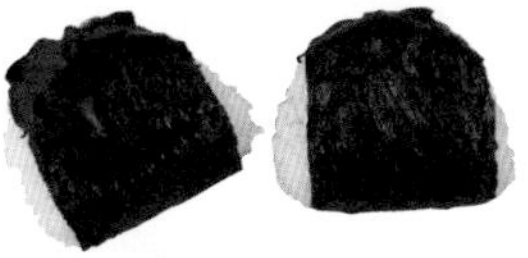

肉包

便利商店裡賣的一個大約 270 大卡，由於使用脂肪多的絞肉所以飽足感十足，也同時能補充糖份（皮的部份）。

麵包

香瓜麵包的熱量有時會超過 400 大卡，熱量不低且飽足感不足，很容易一下子就吃了 2～3 個，吃一個就夠多了。

御飯糰

最佳的休息時間餐點，熱量因內容物而有所不同。酸梅飯糰大約是 180 大卡，是很容易有飽足感的餐點。重點在細嚼慢嚥。

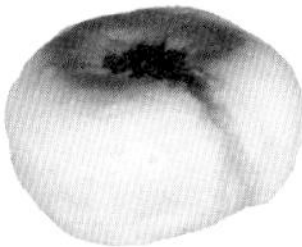

可樂餅

以標準大小的可樂餅來說，一個大約是 180 大卡，雖然熱量亦因內餡不同而異，卻是很值得推薦的休息餐點，不過只限吃一個。

烤餅

熱量視內餡不同而異，大約是 150 大卡，蛋白質、脂肪和糖類的平衡性極佳，最好能配茶慢慢地享用。

漢堡

受內餡影響熱量難以估計，但平均大約是 100～300 大卡，另外內餡大多含有高動物性脂肪，因此需長時間消化而造成腸胃負擔，用餐後務必好好休息。

冰淇淋

擁有乳脂酸的東西熱量都不低，大多超過 300 大卡，不過對腸胃的負擔並沒有想像中大，冬季時可配合熱湯類慢慢地吃。

烤雞肉串

部位不同熱量也不同，蔥的熱量不到 100 大卡，而且肉類能穩定吸收，飽足感也夠，只吃一串是很值得推薦。

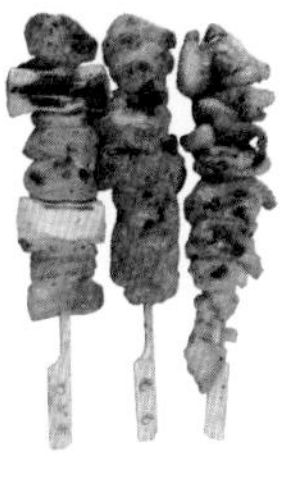

POINT 12

關鍵在當天的消除疲勞行動

消除出遊隔天的疲累感！

每次出遊一回到家就這麼累趴在床上，隔天起床後就覺得全身無力累到不想動。消除隔天疲累感的要點在於出遊當天，今日事、今日畢，今日的疲累當然也得今日解！

今日疲累今日消除

出遊會產生疲勞的主要原因，來自於身體的負擔。日常生活中所沒有的速度感和緊張感，使得中樞神經過度緊張，同時因為長時間保持同樣的姿勢，加上耐熱與耐寒都是讓身體帶來莫大負擔的行為。連番的刺激會擾亂自律神經，引發內臟疲勞，對代謝系統產生影響，衍生疲累感。

例如在出遊後回到家裡，會因為累到翻就立刻趴到床上。因為很累了，所以理所當然的動也不動，不過比起直接累趴在床上，還不如積極地注意身體的調適，這樣對減輕疲勞的效果會更好，這也是動態休息（Active Rest）的一種。

要消除出遊隔天的疲累感，一回到家就開始實施「疲勞恢復策略」非常重要。

千萬不能忘記日常的注意事項，確實做到的人不僅能減少出遊後的疲累感，更能提高騎乘時的身體機能。注意的重點是減緩肌肉的緊張、讓血氣順暢、內臟得到適度休息、舒緩中樞（腦）的亢奮感等。詳細如後所述，只要能做到這些，比起累趴在床上更能有效地消除疲勞，也能確實地減輕隔天的疲累感。也就是說「今日疲累、今日解」這句話非常有道理。

和車子一樣 騎士也需要保養

機車需要定期維護與保養，只有在年輕的時候才能放任自己的身體，不做任何的保養。就和老舊的機車一樣，要對自己積極地保養。

日常的身體維護保養 關係著行車安全

人的身體狀況就像擁有一台舊機車一般，昨天的情況明明很好，隔天整個情況卻有著 180 度的變化，都是常有的事。平時就要注意身體的保健，體能狀況才能安定，也才能安全地駕駛。

「輕鬆的動態休憩」

這次所介紹的動態休憩，只要在出遊回到家後立刻做做看，隔天的疲勞感就會不同。最好每天都能養成這樣的習慣！

Maintenance 1

不僅能減輕內臟的負擔 也不妨礙成長激素分泌的飲食

出遊回家後的飲食切忌油膩，最好是輕食（茶泡飯或雜炊）以減輕內臟的負擔。另外從平時就要避免在就寢前二小時內，攝取過油膩或糖份過多的食物，否則很容易妨礙疲勞恢復激素（成長激素）的分泌。

Maintenance 2

每天泡澡 以半身浴來恢復疲勞

現代人大多是用沖澡，但泡澡其實擁有最佳的恢復疲勞效果。水的浮力能舒緩關節，熱水能促進血液循環，並舒緩中樞神經的緊張。平常習慣泡到與肩齊的人，可以試試看泡到齊腰的半身浴，更具恢復疲勞的效果。

習慣有效率的睡眠

Maintenance
3

疲勞恢復激素（成長激素）的分泌時間，在晚上 10 點至零晨 2 點這段時間最為旺盛，因此在這個時間帶內進入熟睡狀態非常重要。尤其是入睡後三小時是恢復疲勞的最佳時機。營造一個睡覺的環境，把電視關掉手機也關機，集中在睡眠上更能達至完全休息的狀態。

營養補給品 補充飲食攝取不足的營養

Maintenance
4

維他命和礦物質等微量的營養素，在正常的飲食中很難得到補給，因此建議要多多活用營養補給品，如綜合維他命、礦物質等綜合型營養補給品。

平日持續進行 伸展操等運動

Maintenance
5

這麼做比起說是讓肌肉柔軟，最大目的是要舒緩肌肉的緊張。不要以身體太僵硬做藉口，可以就從認為最輕鬆的動作開始做起，只要肌肉得到舒緩，不只能減輕腰和肩膀的痠痛，更能減輕中樞神經的疲勞。

流行騎士系列叢書

重車旅遊樂活指南

編　　者：流行騎士編輯部
執行編輯：林建勳
文字編輯：程傳瑜
美術編輯：李美玉

發 行 人：王淑媚
出版發行：菁華出版社
地　　址：台北市 106 延吉街 233 巷 3 號 6 樓
電　　話：(02)2703-6108
社　　長：陳又新
發 行 部：黃清泰
訂購電話：(02)2703-6108#230
劃撥帳號：11558748

印　　刷：科樂印刷事業股份有限公司
(02)2223-5783
http://www.kolor.com.tw/site/

定　　價：新台幣 380 元
版　　次：2017 年 7 月初版

ISBN：978-957-99315-9-5
Printed in Taiwan